经济数学基础丛书

丛书主编　陶前功

高等数学习题课教程（下）
（第二版）

严培胜　易风华　主编

科 学 出 版 社
北　京

内 容 简 介

本书是与《高等数学(下)》(陶前功、严培胜主编, 科学出版社“十二五”普通高等教育本科规划教材)配套的习题课教程. 全书共分上、下两册. 本书是下册, 内容包含: 无穷级数、微分方程、多元函数微分学和二重积分. 每章内容分 5 部分: ①知识点小结; ②考研数学大纲要求; ③典型例题; ④A 组练习题; ⑤总复习题. 本书最后还提供三套模拟题、各章练习题（B 组练习题）和部分习题的参考答案.

本书适合经济、管理、部分理工科(非数学)、社科、人文等各专业学生使用.

图书在版编目（CIP）数据

高等数学习题课教程. 下 / 严培胜，易风华主编.—2 版. —北京：科学出版社，2021.8

（经济数学基础丛书/陶前功主编）

ISBN 978-7-03-069476-8

I. ①高… II. ①严… ②易… III. ①高等数学-高等学校-习题集 IV. ①O13-44

中国版本图书馆 CIP 数据核字（2021）第 151893 号

责任编辑：吉正霞 谭 畅/责任校对：高 嵘

责任印制：彭 超/封面设计：图阅盛世

科学出版社 出版

北京东黄城根北街 16 号

邮政编码：100717

http://www.sciencep.com

武汉市首壹印务有限公司印刷

科学出版社发行 各地新华书店经销

*

开本：787×1092 1/16

2021 年 8 月第 二 版 印张：11 3/4

2021 年 8 月第一次印刷 字数：279 000

定价：39.00 元

（如有印装质量问题，我社负责调换）

前　言

本书是依据教育部《经济管理类本科数学基础课程教学基本要求》，针对高等学校经济类、管理类等各专业的教学实际编写的高等数学或微积分习题课教程.

高等数学是大学理工类、经济管理类各专业必修的基础课，也是硕士研究生入学考试的必考科目.《高等数学(下)》(陶前功、严培胜主编，科学出版社“十二五”普通高等教育本科规划教材)结构严谨、逻辑清晰、层次分明、行文流畅，在讲授数学基础知识的同时，又注意提炼和渗透数学思想方法. 为帮助读者更好地学习该教材，我们根据教学过程中学生对此书反馈的信息和历届本科毕业生考研的经验，于 2019 年 5 月编写了与教材配套的《高等数学习题课教程(下)》.

本书是在《高等数学习题课教程(下)》的基础上修订而成. 在第一版教材中，知识点小结部分简要介绍了每一章的基本概念、基本理论和基本方法；考研数学大纲要求部分介绍了最新的考研数学三的考试大纲对每一章的考试内容；典型例题部分精选了一批典型习题进行归类分析与解答，并对解题方法给予评注. 从第一版教材使用的反馈情况来看，本书解决了不同层次学生对高等数学的学习需求，帮助学生更好地学习高等数学. 此次再版对全书的内容与结构体系，较第一版未有大的变动. 为了更好服务于课堂教学，将每章的 B 组练习题集中放在本书的最后. 此外，对第一版编写与排版中的疏漏进行了修正，使得本书更趋于完善.

本书共分 4 章，每章又分若干节. 章节的划分和内容设置与《高等数学(下)》一致. 每章内容分 5 部分：①知识点小结；②考研数学大纲要求；③典型例题；④A 组练习题；⑤总复习题. 本书的最后我们还提供了综合模拟题、各章练习题(B 组练习题)和参考答案.

本书仍继承了第一版的如下特点：

(1) 坚持直观理解与严密性的结合. 力求在语言准确的前提下，陈述通俗易懂，深入浅出，推理简洁直观，符合人们普遍的认知和心理过程.

(2) 强调高等数学在经济管理中的应用. 以实例为主线，贯穿于概念的引入、例题的配置与习题的选择上，凡是能够涉及的内容，都尽可能做一些经济学的诠释.

(3) 坚持概念在应用中形成. 适当弱化诸如极限、连续、微分、积分等内容的理论要求，强化利用几何直观、经济应用形成抽象概念，加强数学思想的融汇和培养.

(4) 体现知识、能力和意识三者的关系. 既要讲授知识，还要培养运用知识的能力，更要有运用知识解决问题的意识.

(5) 方便学生自主学习. 每一章都做了知识点小结，并给出了各个知识点的典型例题，对本章的基本内容、基本概念、基本方法和技巧做了系统归纳.

(6) 适当兼顾学生的考研需求. 从教材的内容和结构上注意与考研数学三的考试大纲衔接, 习题教程上每一章都附上最新的考研数学三的考试大纲要求, 从例题和 A 组习题上反映考研的典型题型和知识要点.

本书由严培胜、易风华主编, 曾艳妮、宋娟任副主编, 分别由严培胜(第 6 章)、易风华(第 7 章)、曾艳妮(第 8 章)、宋娟(第 9 章)编写, 王玉宝、刘云芳、张福生、许伟志、董艳、宋沈忆参与了部分习题的整理与编辑工作, 陶前功教授为本书编写提供了指导性意见.

本书在编写过程中, 得到了学校及相关教学单位、教学管理部门和兄弟院校的大力支持和帮助, 在此表示感谢! 因编者水平有限, 书中难免存在疏漏和不妥之处, 真诚希望专家、同行和读者批评指正, 我们将在教学实践中不断完善.

编　者

2021 年 4 月

目　　录

前言

第 6 章　无穷级数 ······ 1

6.1　知识点小结 ······ 1
6.2　考研数学大纲要求 ······ 6
6.3　典型例题 ······ 7
6.4　A 组练习题 ······ 15
6.5　总复习题 6 ······ 23

第 7 章　微分方程 ······ 26

7.1　知识点小结 ······ 26
7.2　考研数学大纲要求 ······ 35
7.3　典型例题 ······ 35
7.4　A 组练习题 ······ 50
7.5　总复习题 7 ······ 57

第 8 章　多元函数微分学 ······ 60

8.1　知识点小结 ······ 60
8.2　考研数学大纲要求 ······ 69
8.3　典型例题 ······ 69
8.4　A 组练习题 ······ 84
8.5　总复习题 8 ······ 94

第 9 章　二重积分 ······ 97

9.1　知识点小结 ······ 97
9.2　考研数学大纲要求 ······ 100
9.3　典型例题 ······ 101
9.4　A 组练习题 ······ 103
9.5　总复习题 9 ······ 107

模拟题一 ······ 109

模拟题二……………………………………………………………………111

模拟题三……………………………………………………………………113

各章练习题……………………………………………………………………115

第 6 章　B 组练习题……………………………………………………………115
第 7 章　B 组练习题……………………………………………………………127
第 8 章　B 组练习题……………………………………………………………145
第 9 章　B 组练习题……………………………………………………………159

参考答案……………………………………………………………………163

第6章 无 穷 级 数

6.1 知识点小结

6.1.1 常数项级数的概念与性质

常数项级数$\sum\limits_{n=1}^{\infty}u_n$与其部分和数列$\{s_n\}$具有同样的敛散性，$\sum\limits_{n=1}^{\infty}u_n=\lim\limits_{n\to\infty}s_n$.

收敛级数的性质如下:

(1) 若级数$\sum\limits_{n=1}^{\infty}u_n$收敛, C是任一常数，则级数$\sum\limits_{n=1}^{\infty}Cu_n$也收敛，且$\sum\limits_{n=1}^{\infty}Cu_n=C\sum\limits_{n=1}^{\infty}u_n$.

(2) 若级数$\sum\limits_{n=1}^{\infty}u_n$与$\sum\limits_{n=1}^{\infty}v_n$都收敛, 则$\sum\limits_{n=1}^{\infty}(u_n\pm v_n)$也收敛, 且$\sum\limits_{n=1}^{\infty}(u_n\pm v_n)=\sum\limits_{n=1}^{\infty}u_n\pm\sum\limits_{n=1}^{\infty}v_n$.

(3) 在级数中改变、去掉或增加前面的有限项，不会改变级数的敛散性，但一般会改变收敛级数的和.

(4) 在一个收敛级数中，任意添加括号所得到的新级数仍收敛于原来的和.

(5) 级数收敛的必要条件: 若级数$\sum\limits_{n=1}^{\infty}u_n$收敛，则$\lim\limits_{n\to\infty}u_n=0$.

注：性质(5)的逆否命题常用来判定级数发散.

6.1.2 正项级数

1. 正项级数收敛

正项级数收敛的充要条件是: 它的部分和数列$\{s_n\}$有上界.

2. 比较判别法

设有两个正项级数$\sum\limits_{n=1}^{\infty}u_n$和$\sum\limits_{n=1}^{\infty}v_n$，有$u_n\leqslant v_n$成立，那么

(1) 若级数$\sum\limits_{n=1}^{\infty}v_n$收敛，则级数$\sum\limits_{n=1}^{\infty}u_n$也收敛;

(2) 若级数$\sum\limits_{n=1}^{\infty}u_n$发散，则级数$\sum\limits_{n=1}^{\infty}v_n$也发散.

3. 比较判别法的极限形式

若正项级数 $\sum_{n=1}^{\infty}u_n$ 与 $\sum_{n=1}^{\infty}v_n$ 满足 $\lim\limits_{n\to\infty}\frac{u_n}{v_n}=\rho$，则

(1) 当 $0<\rho<+\infty$ 时，$\sum_{n=1}^{\infty}u_n$ 与 $\sum_{n=1}^{\infty}v_n$ 具有相同的敛散性;

(2) 当 $\rho=0$ 时，若 $\sum_{n=1}^{\infty}v_n$ 收敛，则 $\sum_{n=1}^{\infty}u_n$ 亦收敛;

(3) 当 $\rho=+\infty$ 时，若 $\sum_{n=1}^{\infty}v_n$ 发散，则 $\sum_{n=1}^{\infty}u_n$ 亦发散.

注：只有知道一些重要级数的敛散性，并加以灵活应用，才能熟练掌握比较判别法. 至今，重要的已知级数包括等比级数、调和级数及 p 级数等.

4. 比值判别法

(达朗贝尔判别法)：设有正项级数 $\sum_{n=1}^{\infty}u_n$，如果极限 $\lim\limits_{n\to\infty}\frac{u_{n+1}}{u_n}=\rho$，那么

(1) 当 $\rho<1$ 时，级数收敛;

(2) 当 $\rho>1$(包括 $\rho=+\infty$)时，级数发散;

(3) 当 $\rho=1$ 时，级数可能收敛也可能发散(比值判别法无法判别，需另行判别).

注：该判别法适合 u_{n+1} 与 u_n 有公因式且 $\lim\limits_{n\to\infty}\frac{u_{n+1}}{u_n}$ 存在或等于无穷大的情形.

5. 根值判别法

(柯西判别法)：设正项级数 $\sum_{n=1}^{\infty}u_n$ 满足 $\lim\limits_{n\to\infty}\sqrt[n]{u_n}=\rho$，那么

(1) 当 $\rho<1$ 时，$\sum_{n=1}^{\infty}u_n$ 收敛;

(2) 当 $\rho>1$(包括 $\rho=+\infty$)时，$\sum_{n=1}^{\infty}u_n$ 发散;

(3) 当 $\rho=1$ 时，$\sum_{n=1}^{\infty}u_n$ 可能收敛，也可能发散.

注：该判别法适合 u_n 中含有表达式的 n 次幂，且 $\lim\limits_{n\to\infty}\sqrt[n]{u_n}=\rho$ 或等于 $+\infty$ 的情形.

6.1.3 任意项级数

交错级数敛散性的判别法(莱布尼茨(Leibniz)判别法)：设交错级数 $\sum_{n=1}^{\infty}(-1)^{n-1}u_n$ 满足

(1) $u_n\geqslant u_{n+1}, n=1, 2, 3, \cdots$;

(2) $\lim\limits_{n\to\infty}u_n=0$, 则级数 $\sum\limits_{n=1}^{\infty}(-1)^{n-1}u_n$ 收敛, 且其和 $s\leqslant u_1$.

绝对收敛: 若 $\sum\limits_{n=1}^{\infty}|u_n|$ 收敛, 则称 $\sum\limits_{n=1}^{\infty}u_n$ 为绝对收敛;

条件收敛: 若 $\sum\limits_{n=1}^{\infty}|u_n|$ 发散, 但 $\sum\limits_{n=1}^{\infty}u_n$ 收敛, 则称 $\sum\limits_{n=1}^{\infty}u_n$ 条件收敛.

判别任意项级数 $\sum\limits_{n=1}^{\infty}u_n$ 敛散性的步骤如下:

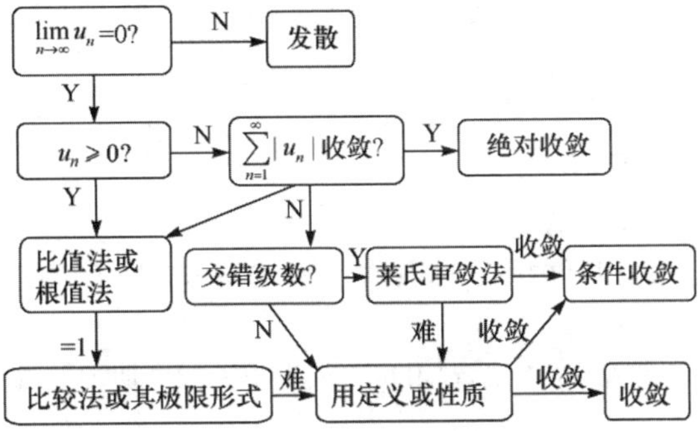

6.1.4 幂级数

1. 函数项级数

在函数项级数 $\sum\limits_{n=1}^{\infty}u_n(x)$ 的收敛域内 $\sum\limits_{n=1}^{\infty}u_n(x)=\lim\limits_{n\to\infty}s_n(x)=s(x)$, $s(x)$为函数项级数的和函数, 在发散域内 $\sum\limits_{n=1}^{\infty}u_n(x)$ 发散.

2. 幂级数

$\sum\limits_{n=0}^{\infty}a_nx^n=a_0+a_1x+\cdots+a_nx^n+\cdots$, 其中 $a_0, a_1,\cdots, a_n,\cdots$称为幂级数的系数.

3. 收敛半径 R 及其求法

根据幂级数的系数的形式, 当幂级数的各项是依幂次 n 连续时, 可对其系数应用比值判别法或根值判别法直接求出收敛半径, 即有

$$R=\frac{1}{\rho}$$

其中

$$\rho=\lim_{n\to\infty}\left|\frac{a_{n+1}}{a_n}\right| \quad 或 \quad \rho=\lim_{n\to\infty}\sqrt[n]{|a_n|}$$

若幂级数有缺项, 如缺少奇数次幂的项等, 则应将幂级数视为函数项级数并利用比值判别法或根值判别法判定其收敛域.

4. 求幂级数 $\sum_{n=0}^{\infty} a_n x^n$ 收敛域的基本步骤

(1) 求出收敛半径 R;

(2) 判别常数项级数 $\sum_{n=0}^{\infty} a_n R^n$, $\sum_{n=0}^{\infty} a_n (-R)^n$ 的敛散性;

(3) 写出幂级数的收敛域.

5. 幂级数的算术运算

加、减、乘、除.

6. 幂级数的分析运算

(1) 幂级数 $\sum_{n=0}^{\infty} a_n x^n$ 的和函数 $s(x)$在其收敛域 D 上连续 $\left(D \neq \{0\}\right)$.

(2) 逐项求导数. 若幂级数 $\sum_{n=0}^{\infty} a_n x^n$ 的收敛半径为 R, 则在$(-R, R)$内和函数 $s(x)$可导, 且有

$$s'(x)=\left(\sum_{n=0}^{\infty} a_n x^n\right)'=\sum_{n=0}^{\infty}\left(a_n x^n\right)'=\sum_{n=0}^{\infty} a_n n x^{n-1}$$

所得幂级数的收敛半径仍为 R, 但在收敛区间端点处的敛散性可能发生改变.

(3) 逐项积分. 设幂级数 $\sum_{n=0}^{\infty} a_n x^n$ 的和函数为 $s(x)$, 收敛半径为 R, 则和函数在$(-R, R)$上可积, 且有

$$\int_0^x s(x)\mathrm{d}x=\int_0^x \sum_{n=0}^{\infty} a_n x^n \mathrm{d}x=\sum_{n=0}^{\infty}\int_0^x a_n x^n \mathrm{d}x=\sum_{n=0}^{\infty}\frac{a_n}{n+1}x^{n+1}$$

所得幂级数的收敛半径仍为 R, 但在收敛区间端点处的敛散性可能发生改变.

6.1.5 泰勒级数 函数的幂级数展开式

1. 泰勒中值公式

$$f(x)=f(x_0)+f'(x_0)(x-x_0)+\frac{f''(x_0)}{2!}(x-x_0)^2+\cdots+\frac{f^{(n)}(x_0)}{n!}(x-x_0)^n+R_n(x)$$

拉格朗日型余项 $R_n(x)=\dfrac{f^{(n+1)}(\xi)}{(n+1)!}(x-x_0)^{n+1}$, ξ 是 x_0 与 x 之间的某个值.

佩亚诺型余项 $R_n(x)=o[(x-x_0)^n]$.

带有佩亚诺型余项的麦克劳林公式为

$$f(x)=f(0)+f'(0)x+\frac{f''(0)}{2!}x^2+\cdots+\frac{f^{(n)}(0)}{n!}x^n+o(x^n)$$

2. 泰勒级数的概念

若函数 $f(x)$在 $x=x_0$ 的某一邻域内有任意阶导数, 则称幂级数

$$f(x_0)+f'(x_0)(x-x_0)+\frac{f''(x_0)}{2!}(x-x_0)^2+\cdots+\frac{f^{(n)}(x_0)}{n!}(x-x_0)^n+\cdots$$

为 $f(x)$的泰勒级数.

当 $x_0=0$ 时, 幂级数

$$f(0)+f'(0)x+\frac{f''(0)}{2!}x^2+\cdots+\frac{f^{(n)}(0)}{n!}x^n+\cdots$$

称为 $f(x)$的麦克劳林级数.

如果函数 $f(x)$在包含零的某区间内有任意阶导数, 且在此区间内的麦克劳林公式中的余项以零为极限(当 $n\to\infty$时), 那么函数 $f(x)$就可展开成形如

$$f(x)=\sum_{n=0}^{\infty}\frac{f^{(n)}(0)}{n!}x^n=f(0)+\frac{f'(0)}{1!}x+\frac{f''(0)}{2!}x^2+\cdots+\frac{f^{(n)}(0)}{n!}x^n+\cdots$$

的幂级数.

3. 函数展开成幂级数的方法

(1) 直接法: 直接将函数展开成泰勒级数.

几个常用的函数的幂级数展开式如下:

$$e^x=1+x+\frac{1}{2!}x^2+\cdots+\frac{1}{n!}x^n+\cdots,\quad x\in(-\infty,+\infty)$$

$$\frac{1}{1-x}=1+x+x^2+\cdots+x^n+\cdots,\quad x\in(-1,1)$$

$$\frac{1}{1+x}=1-x+x^2-\cdots+(-1)^n x^n+\cdots,\quad x\in(-1,1)$$

$$\ln(1+x)=x-\frac{1}{2}x^2+\frac{1}{3}x^3-\cdots+(-1)^n\frac{1}{n+1}x^{n+1}+\cdots,\quad x\in(-1,1]$$

$$\sin x=x-\frac{1}{3!}x^3+\frac{1}{5!}x^5-\cdots+(-1)^n\frac{1}{(2n+1)!}x^{2n+1}+\cdots,\quad x\in(-\infty,+\infty)$$

$$\cos x=1-\frac{1}{2!}x^2+\frac{1}{4!}x^4-\cdots+(-1)^n\frac{1}{(2n)!}x^{2n}+\cdots,\quad x\in(-\infty,+\infty)$$

$$(1+x)^\alpha=1+\alpha x+\frac{\alpha(\alpha-1)}{2!}x^2+\cdots+\frac{\alpha(\alpha-1)\cdots(\alpha-n+1)}{n!}x^n+\cdots,\quad x\in(-1,1)$$

(2) 间接法: 利用已知的函数展开式(7 个基本函数的麦克劳林展开式), 通过线性运算法则、变量代换、恒等变形、逐项求导或逐项积分等方法间接求得幂级数的展开式. 这种方法称为函数展开成幂级数的间接法.

6.1.6　函数的幂级数展开式的应用

1. 数值计算

在函数的幂级数展开式中，取前面有限项就可得到函数的近似公式，这对于计算复杂函数的函数值是非常方便的，即把函数近似表示为 x 的多项式，而多项式的计算只需用到四则运算法则，非常简便.

2. 计算定积分

许多函数，如 e^{-x^2} 、 $\frac{\sin x}{x}$ 、 $\frac{1}{\ln x}$ 等，其原函数不能用初等函数表示，但若被积函数在积分区间上能展开成幂级数，则可通过幂级数展开式的逐项积分，用积分后的级数近似计算所给定积分.

3. 求常数项级数的和

借助幂级数的和函数来求常数项级数和的方法，即为阿贝尔方法.

6.2　考研数学大纲要求

6.2.1　考试内容

常数项级数的收敛与发散的概念，收敛级数的和的概念，级数的基本性质与收敛的必要条件，几何级数与 p 级数及其敛散性，正项级数敛散性的判别法，任意项级数的绝对收敛与条件收敛，交错级数与莱布尼茨定理，幂级数及其收敛半径、收敛区间(指开区间)和收敛域，幂级数的和函数，幂级数在其收敛区间内的基本性质，简单幂级数的和函数的求法，初等函数的幂级数展开式.

6.2.2　考试要求

(1) 了解级数的收敛与发散、收敛级数的和的概念.

(2) 了解级数的基本性质及级数收敛的必要条件，掌握几何级数及 p 级数的收敛与发散的条件，掌握正项级数敛散性的比较判别法和比值判别法.

(3) 了解任意项级数绝对收敛与条件收敛的概念，以及绝对收敛与收敛的关系，了解交错级数的莱布尼茨判别法.

(4) 会求幂级数的收敛半径、收敛区间及收敛域.

(5) 了解幂级数在其收敛区间内的基本性质(和函数的连续性、逐项求导和逐项积分)，会求简单幂级数在其收敛区间内的和函数.

(6) 了解 e^x 、 $\sin x$ 、 $\cos x$ 、 $\ln(1+x)$ 及 $(1+x)^\alpha$ 的麦克劳林展开式.

6.3 典型例题

6.3.1 利用级数的部分和数列讨论级数的敛散性

例 1 讨论级数$\dfrac{1}{1\cdot 2}+\dfrac{1}{2\cdot 3}+\cdots+\dfrac{1}{n(n+1)}+\cdots$的敛散性.

解

$$u_n=\frac{1}{n(n+1)}=\frac{1}{n}-\frac{1}{n+1}$$

$$s_n=\frac{1}{1\cdot 2}+\frac{1}{2\cdot 3}+\cdots+\frac{1}{n(n+1)}=\left(1-\frac{1}{2}\right)+\left(\frac{1}{2}-\frac{1}{3}\right)+\cdots+\left(\frac{1}{n}-\frac{1}{n+1}\right)=1-\frac{1}{n+1}$$

所以，$\lim\limits_{n\to\infty}s_n=\lim\limits_{n\to\infty}\left(1-\dfrac{1}{n+1}\right)=1$, 即题设级数收敛，其和为1.

例 2 讨论等比级数(又称为几何级数)$\sum\limits_{n=0}^{\infty}aq^n=a+aq+aq^2+\cdots+aq^n+\cdots$，$a\neq 0$的敛散性.

解 当$q\neq 1$, 有$s_n=a+aq+aq^2+\cdots+aq^{n-1}=\dfrac{a(1-q^n)}{1-q}$.

若$|q|<1$，有$\lim\limits_{n\to\infty}q^n=0$，则$\lim\limits_{n\to\infty}s_n=\dfrac{a}{1-q}$；若$|q|>1$, 有$\lim\limits_{n\to\infty}q^n=\infty$, 则$\lim\limits_{n\to\infty}s_n=\infty$.

若$q=1$，有$s_n=na$，则$\lim\limits_{n\to\infty}s_n=\infty$. 若$q=-1$, 则级数变为

$$s_n=\underbrace{a-a+a-a+\ldots+(-1)^{n-1}a}_{n\text{个}}=\frac{1}{2}a[1-(-1)^n]$$

易见$\lim\limits_{n\to\infty}s_n$不存在. 综上所述，当$|q|<1$时，等比级数收敛，且

$$a+aq+aq^2+\cdots+aq^n+\cdots=\frac{a}{1-q}$$

6.3.2 线性运算性质的应用

例 3 求级数$\sum\limits_{n=1}^{\infty}\left[\dfrac{1}{2^n}+\dfrac{3}{n(n+1)}\right]$的和.

解 根据等比级数的结论知$\sum\limits_{n=1}^{\infty}\dfrac{1}{2^n}=\dfrac{1/2}{1-1/2}=1$. 而由例1知$\sum\limits_{n=1}^{\infty}\dfrac{1}{n(n+1)}=1$，所以

$$\sum_{n=1}^{\infty}\left[\frac{1}{2^n}+\frac{1}{n(n+1)}\right]=\sum_{n=1}^{\infty}\frac{1}{2^n}+\sum_{n=1}^{\infty}\frac{3}{n(n+1)}=4$$

例 4 设级数$\sum\limits_{n=1}^{\infty}u_n$收敛，$\sum\limits_{n=1}^{\infty}v_n$发散，证明级数$\sum\limits_{n=1}^{\infty}(u_n+v_n)$发散.

证　用反证法, 已知 $\sum_{n=1}^{\infty} u_n$ 收敛, 假定 $\sum_{n=1}^{\infty}(u_n+v_n)$ 收敛, 由 $v_n=(u_n+v_n)-u_n$ 与级数性质得知 $\sum_{n=1}^{\infty} v_n$ 收敛, 这与题设矛盾, 所以级数 $\sum_{n=1}^{\infty}(u_n+v_n)$ 发散. 得证.

6.3.3　比较判别法的应用

例 5　证明级数 $\sum_{n=1}^{\infty}\frac{1}{\sqrt{n(n+1)}}$ 是发散的.

证　因为 $\frac{1}{\sqrt{n(n+1)}}>\frac{1}{n+1}$, 而级数 $\sum_{n=1}^{\infty}\frac{1}{n+1}$ 发散, 所以 $\sum_{n=1}^{\infty}\frac{1}{\sqrt{n(n+1)}}$ 发散.

例 6　判别级数 $\sum_{n=1}^{\infty}\frac{2n+1}{(n+1)^2(n+2)^2}$ 的敛散性.

解　运用比较判别法. 因为

$$\frac{2n+1}{(n+1)^2(n+2)^2}<\frac{2n+2}{(n+1)^2(n+2)^2}<\frac{2}{(n+1)^3}<\frac{2}{n^3}$$

而 $\sum_{n=1}^{\infty}\frac{1}{n^3}$ 是收敛的, 所以题设级数收敛.

6.3.4　比较判别法的极限形式的应用

例 7　判定下列级数的敛散性.

(1) $\sum_{n=1}^{\infty}\ln\left(1+\frac{1}{n^2}\right)$;　　(2) $\sum_{n=1}^{\infty}\sqrt{n+1}\left(1-\cos\frac{\pi}{n}\right)$.

解　(1) 因 $\ln\left(1+\frac{1}{n^2}\right)\sim\frac{1}{n^2}(n\to\infty)$, 故 $\lim\limits_{n\to\infty} n^2u_n=\lim\limits_{n\to\infty} n^2\ln\left(1+\frac{1}{n^2}\right)=\lim\limits_{n\to\infty} n^2\cdot\frac{1}{n^2}=1$. 根据极限形式判别法知题设级数收敛.

(2) 因为 $\lim\limits_{n\to\infty} n^{3/2}u_n=\lim\limits_{n\to\infty} n^{3/2}u_n\sqrt{n+1}\left(1-\cos\frac{\pi}{n}\right)=\lim\limits_{n\to\infty} n^2\sqrt{\frac{n+1}{n}}\cdot\frac{1}{2}\left(\frac{\pi}{n}\right)^2=\frac{1}{2}\pi^2$, 根据极限形式判别法知题设级数收敛.

注: 从以上解答过程中可以看到, 极限中的某些等价无穷小在级数敛散性讨论时十分有用, 事实上级数的敛散性取决于通项 u_n 趋向于零的“快慢”程度.

6.3.5　比值判别法的应用

例 8　判别下列级数的敛散性.

(1) $\sum_{n=1}^{\infty}\frac{1}{n!}$;　　(2) $\sum_{n=1}^{\infty}\frac{n!}{10^n}$.

解　(1) 因 $\dfrac{u_{n+1}}{u_n}=\dfrac{1/(n+1)!}{1/n!}=\dfrac{1}{n+1}\xrightarrow{n\to\infty}0$，故级数 $\sum\limits_{n=1}^{\infty}\dfrac{1}{n!}$ 收敛.

(2) 因 $\dfrac{u_{n+1}}{u_n}=\dfrac{(n+1)!}{10^{n+1}}\cdot\dfrac{10^n}{n!}\xrightarrow{n\to\infty}\infty$，故级数 $\sum\limits_{n=1}^{\infty}\dfrac{n!}{10^n}$ 发散.

例 9　判别级数 $\sum\limits_{n=1}^{\infty}\dfrac{n^2}{\left(2+\dfrac{1}{n}\right)^n}$ 的敛散性.

解　因为 $\dfrac{n^2}{\left(2+\dfrac{1}{n}\right)^n}<\dfrac{n^2}{2^n}$，而对于级数 $\sum\limits_{n=1}^{\infty}\dfrac{n^2}{2^n}$，由比值判别法知

$$\lim_{n\to\infty}\frac{u_{n+1}}{u_n}=\lim_{n\to\infty}\frac{(n+1)^2}{2^{n+1}}\cdot\frac{2^n}{n^2}=\lim_{n\to\infty}\frac{1}{2}\left(1+\frac{1}{n}\right)^2=\frac{1}{2}<1$$

所以级数 $\sum\limits_{n=1}^{\infty}\dfrac{n^2}{2^n}$ 收敛，从而题设级数亦收敛.

6.3.6　根值判别法的应用

例 10　判别级数 $\sum\limits_{n=1}^{\infty}\left(1-\dfrac{1}{n}\right)^{n^2}$ 的敛散性.

解　因一般项含有 n 次方，故可采用根值判别法. 即

$$\lim_{n\to\infty}\sqrt[n]{u_n}=\lim_{n\to\infty}\sqrt[n]{\left(1-\frac{1}{n}\right)^{n^2}}=\lim_{n\to\infty}\left(1-\frac{1}{n}\right)^n=\frac{1}{\mathrm{e}}<1$$

则所求级数收敛.

6.3.7　交错级数判别法的应用

例 11　判断级数 $\sum\limits_{n=1}^{\infty}\dfrac{(-1)^{n-1}}{n}$ 的敛散性.

解　易见题设级数的一般项 $(-1)^{n-1}u_n=\dfrac{(-1)^{n-1}}{n}$ 满足

(1) $\dfrac{1}{n}\geqslant\dfrac{1}{n+1}$, $n=1,2,3,\cdots$;

(2) $\lim\limits_{n\to\infty}\dfrac{1}{n}=0$.

所以级数 $\sum\limits_{n=1}^{\infty}\dfrac{(-1)^{n-1}}{n}$ 收敛，其和 $s\leqslant1$，用 s_n 近似 s 产生的误差 $|r_n|\leqslant\dfrac{1}{n+1}$.

注：在判别交错级数 $\sum\limits_{n=1}^{\infty}(-1)^{n-1}f(n)$ (其中，$f(n)>0$)的敛散性时，如果数列 $\{f(n)\}$

单调减少不容易判断，可通过验证当 x 充分大时 $f'(x)\leqslant 0$，来判断当 n 充分大时数列 $\{f(n)\}$ 单调减少；如果直接求极限 $\lim\limits_{n\to\infty} f(n)$ 有困难，亦可通过求 $\lim\limits_{x\to+\infty} f(x)$（假定它存在）来求 $\lim\limits_{n\to\infty} f(n)$.

例 12　判断 $\sum\limits_{n=1}^{\infty}(-1)^{n-1}\dfrac{\ln n}{n}$ 的敛散性.

解　因为 $u_n=\dfrac{\ln n}{n}>0$，$n>1$，所以 $\sum\limits_{n=1}^{\infty}(-1)^{n-1}\dfrac{\ln n}{n}$ 是交错级数.令 $f(x)=\dfrac{\ln x}{x}$，$x>3$，有 $f'(x)=\dfrac{1-\ln x}{x^2}<0$，$x>3$，即 $n>3$ 时，$\left\{\dfrac{\ln n}{n}\right\}$ 是递减数列，又利用洛必达法则有

$$\lim_{x\to\infty}\frac{\ln n}{n}=\lim_{x\to+\infty}\frac{\ln x}{x}=\lim_{x\to+\infty}\frac{1}{x}=0$$

则由莱布尼茨定理知题设级数收敛.

6.3.8　绝对收敛与条件收敛

例 13　判别级数 $\sum\limits_{n=1}^{\infty}\dfrac{(-1)^{n-1}}{n^p}$，$p>0$ 的敛散性.

解　由 $\sum\limits_{n=1}^{\infty}\left|\dfrac{(-1)^{n-1}}{n^p}\right|=\sum\limits_{n=1}^{\infty}\dfrac{1}{n^p}$，易见当 $p>1$ 时，题设级数绝对收敛；当 $0<p\leqslant 1$ 时，由莱布尼茨定理知 $\sum\limits_{n=1}^{\infty}\dfrac{(-1)^{n-1}}{n^p}$ 收敛，但 $\sum\limits_{n=1}^{\infty}\dfrac{1}{n^p}$ 发散，故题设级数条件收敛.

例 14　判别级数 $\sum\limits_{n=1}^{\infty}\dfrac{\sin n}{n^2}$ 的敛散性.

解　因为 $\left|\dfrac{\sin n}{n^2}\right|\leqslant\dfrac{1}{n^2}$，而 $\sum\limits_{n=1}^{\infty}\dfrac{1}{n^2}$ 收敛，所以 $\sum\limits_{n=1}^{\infty}\left|\dfrac{\sin n}{n^2}\right|$ 收敛，则由定理知题设级数绝对收敛.

例 15　判定级数 $\sum\limits_{n=1}^{\infty}(-1)^n\dfrac{1}{2^n}\left(1+\dfrac{1}{n}\right)^{n^2}$ 的敛散性.

解　因 $|u_n|=\dfrac{1}{2^n}\left(1+\dfrac{1}{n}\right)^{n^2}$，有 $\sqrt[n]{|u_n|}=\dfrac{1}{2}\left(1+\dfrac{1}{n}\right)^n\to\dfrac{1}{2}\mathrm{e}$，$n\to\infty$，而 $\dfrac{1}{2}\mathrm{e}>1$，故题设级数发散.

例 16　判别级数 $\sum\limits_{n=1}^{\infty}(-1)^n\dfrac{n^{n+1}}{(n+1)!}$ 的敛散性.

解　这是一个交错级数，令 $u_n=(-1)^n\dfrac{n^{n+1}}{(n+1)!}$，考察级数 $\sum\limits_{n=1}^{\infty}|u_n|$ 是否绝对收敛. 采用比值审敛法:

$$\lim_{n\to\infty}\frac{|u_{n+1}|}{|u_n|}=\lim_{n\to\infty}\frac{(n+1)^{n+2}}{[(n+1)+1]!}\frac{(n+1)!}{n^{n+1}}=\lim_{n\to\infty}\left(\frac{n+1}{n}\right)^n\cdot\frac{(n+1)^2}{n(n+2)}=\lim_{n\to\infty}\left(1+\frac{1}{n}\right)^n=\mathrm{e}>1$$

所以题设级数发散.

6.3.9　函数项级数的收敛域

例 17　几何级数 $\sum\limits_{n=1}^{\infty}x^n=1+x+x^2+x^3+\cdots+x^n+\cdots$ 就是一个函数项级数，当 $|x|<1$ 时，级数收敛；当 $|x|\geqslant 1$ 时，级数发散. 因此，这个级数的收敛域是 $(-1,1)$，发散域是 $(-\infty,-1]\cup[1,+\infty)$.

在收敛域 $(-1,1)$ 内，有 $1+x+x^2+x^3+\cdots+x^n+\cdots=\dfrac{1}{1-x}$，即 $\sum\limits_{n=1}^{\infty}x^n$ 的和函数为 $\dfrac{1}{1-x}$.

例 18　求级数 $\sum\limits_{n=1}^{\infty}\dfrac{(-1)^n}{n}\left(\dfrac{1}{1+x}\right)^n$ 的收敛域.

解　由比值判别法得

$$\frac{|u_{n+1}(x)|}{|u_n(x)|}=\frac{n}{n+1}\cdot\frac{1}{|1+x|}\xrightarrow{(n\to\infty)}\frac{1}{|1+x|}$$

(1) 当 $\dfrac{1}{|1+x|}<1$ 时，有 $|1+x|>1$, 即 $x>0$ 或 $x<-2$ 时，题设级数绝对收敛.

(2) 当 $\dfrac{1}{|1+x|}>1$ 时，有 $|1+x|<1$, 即 $-2<x<0$ 时，题设级数发散.

(3) 当 $|1+x|=1$ 时，有 $x=0$ 或 $x=-2$，即 $x=0$ 时，级数为 $\sum\limits_{n=1}^{\infty}\dfrac{(-1)^n}{n}$ 收敛；$x=-2$ 时，级数为 $\sum\limits_{n=1}^{\infty}\dfrac{1}{n}$ 发散，故题设级数的收敛域为 $(-\infty,-2)\cup[0,+\infty)$.

6.3.10　求幂级数的收敛域

例 19　求下列幂级数的收敛域.

(1) $\sum\limits_{n=1}^{\infty}(-1)^n\dfrac{x^n}{n}$；　　(2) $\sum\limits_{n=1}^{\infty}(-nx)^n$；

(3) $\sum\limits_{n=1}^{\infty}\dfrac{x^n}{n!}$；　　(4) $\sum\limits_{n=1}^{\infty}(-1)^n\dfrac{2^n}{\sqrt{n}}\left(x-\dfrac{1}{2}\right)^n$.

解　(1) 因为 $\rho=\lim\limits_{n\to\infty}\left|\dfrac{a_{n+1}}{a_n}\right|=\lim\limits_{n\to\infty}\dfrac{1/(n+1)}{1/n}=\lim\limits_{n\to\infty}\dfrac{n}{n+1}=1$, 所以收敛半径 $R=1$.

当 $x=1$ 时，级数成为 $\sum_{n=1}^{\infty}\frac{(-1)^n}{n}$, 该级数收敛；当 $x=-1$ 时，级数成为 $\sum_{n=1}^{\infty}\frac{1}{n}$, 该级数发散. 从而题设级数收敛域为 $(-1,1]$.

(2) 因 $\rho=\lim_{n\to\infty}\sqrt[n]{|a_n|}=\lim_{n\to\infty}n=+\infty$，故收敛半径 $R=0$, 即题设级数只在 $x=0$ 处收敛.

(3) 因 $\rho=\lim_{n\to\infty}\left|\frac{a_{n+1}}{a_n}\right|=\lim_{n\to\infty}\frac{\frac{1}{(n+1)!}}{\frac{1}{n!}}=\lim_{n\to\infty}\frac{1}{n+1}=0$，故收敛半径 $R=+\infty$, 题设级数收敛域为 $(-\infty,+\infty)$.

(4) 令 $t=x-\frac{1}{2}$，题设级数化为 $\sum_{n=1}^{\infty}(-1)^n\frac{2^n}{\sqrt{n}}t^n$，因为 $\rho=\lim_{n\to\infty}\left|\frac{a_{n+1}}{a_n}\right|=\lim_{n\to\infty}\frac{2^{n+1}}{\sqrt{n+1}}\cdot\frac{\sqrt{n}}{2^n}=2$, 所以收敛半径 $R=\frac{1}{2}$, 收敛区间为 $|t|<\frac{1}{2}$，即 $0<x<1$.

当 $x=0$ 时，级数成为 $\sum_{n=1}^{\infty}\frac{1}{\sqrt{n}}$，该级数发散；当 $x=1$ 时，级数成为 $\sum_{n=1}^{\infty}\frac{(-1)^n}{\sqrt{n}}$，该级数收敛. 从而题设级数收敛域为 $(0,1]$.

例 20　求幂级数 $\sum_{n=1}^{\infty}\frac{x^{2n-1}}{2^n}$ 的收敛域.

解　题设级数缺少偶数次幂, 此时可直接利用比值判别法:

$$\lim_{n\to\infty}\left|\frac{u_{n+1}(x)}{u_n(x)}\right|=\lim_{n\to\infty}\frac{x^{2n+1}}{2^{n+1}}\cdot\frac{2^n}{x^{2n-1}}=\frac{1}{2}|x|^2$$

当 $\frac{1}{2}\left|x^2\right|<1$，即 $|x|<\sqrt{2}$ 时，级数收敛；当 $\frac{1}{2}|x|^2>1$，即 $|x|>\sqrt{2}$ 时，级数发散，所以收敛半径 $R=\sqrt{2}$.

当 $x=\sqrt{2}$ 时，级数成为 $\sum_{n=1}^{\infty}\frac{1}{\sqrt{2}}$，该级数发散；当 $x=-\sqrt{2}$ 时，级数成为 $\sum_{n=1}^{\infty}\frac{-1}{\sqrt{2}}$，该级数发散.

故题设级数收敛域为 $(-\sqrt{2},\sqrt{2})$.

6.3.11　幂级数的运算

例 21　求幂级数 $\sum_{n=1}^{\infty}\left[\frac{(-1)^n}{n}+\frac{1}{4^n}\right]x^n$ 的收敛域.

解　级数 $\sum_{n=1}^{\infty}\frac{(-1)^n}{n}x^n$ 的收敛域为 $(-1,1]$. 对于级数 $\sum_{n=1}^{\infty}\frac{1}{4^n}x^n$, 有

$$\rho=\lim_{n\to\infty}\left|\frac{a_{n+1}}{a_n}\right|=\lim_{n\to\infty}\frac{1}{4^{n+1}}\cdot\frac{4^n}{1}=\frac{1}{4}$$

所以, 其收敛半径为 4. 易见当 $x=\pm4$ 时, 该级数发散. 因此级数 $\sum\limits_{n=1}^{\infty}\frac{1}{4^n}x^n$ 的收敛域为 $(-4,4)$.

由幂级数的代数运算性质可知, 题设级数的收敛域为 $(-1,1]$.

6.3.12 幂级数的和函数

例 22 求幂级数 $\sum\limits_{n=1}^{\infty}(-1)^{n-1}\frac{x^n}{n}$ 的和函数.

解 由例 19 中(1)的结果知, 题设级数的收敛域为 $(-1,1]$, 设其和函数为 $s(x)$, 即

$$s(x)=x-\frac{x^2}{2}+\frac{x^3}{3}-\frac{x^4}{4}+\cdots+(-1)^{n-1}\frac{x^n}{n}+\cdots$$

显然 $s(0)=0$, 且 $s'(x)=1-x+x^2+\cdots+(-1)^{n-1}x^{n-1}+\cdots=\frac{1}{1+x}$, $-1<x<1$.

由积分公式 $\int_0^x s'(x)\mathrm{d}x=s(x)-s(0)$, 得

$$s(x)=s(0)+\int_0^x s'(x)\mathrm{d}x=\int_0^x\frac{1}{1+x}\mathrm{d}x=\ln(1+x)$$

在 $x=1$ 时, 由函数的连续性知, $\sum\limits_{n=1}^{\infty}\frac{(-1)^{n-1}}{n}$ 收敛于 $s(1)=\ln 2$, 所以

$$\sum_{n=1}^{\infty}(-1)^{n-1}\frac{x^n}{n}=\ln(1+x),\quad -1<x\leqslant 1$$

例 23 求幂级数 $\sum\limits_{n=0}^{\infty}(n+1)^2x^n$ 的和函数.

解 因 $\left|\frac{a_{n+1}}{a_n}\right|=\frac{(n+2)^2}{(n+1)^2}\to 1$, 故题设级数的收敛半径 $R=1$, 易见当 $x=\pm1$ 时, 题设级数发散, 所以题设级数的收敛域为 $(-1,1)$, 设 $s(x)=\sum\limits_{n=0}^{\infty}(n+1)^2x^n$, $|x|<1$, 则

$$\int_0^x s(x)\mathrm{d}x=\sum_{n=0}^{\infty}(n+1)x^{n+1}=x\sum_{n=0}^{\infty}(x^{n+1})'=x\left(\sum_{n=0}^{\infty}x^{n+1}\right)'=x\left(\frac{x}{1-x}\right)'=\frac{x}{(1-x)^2}$$

在上式两端求导, 得题设级数和函数为

$$s(x)=\frac{1+x}{(1-x)^3},\quad |x|<1$$

例 24 求级数 $\frac{1}{1\cdot 3}+\frac{1}{2\cdot 3^2}+\frac{1}{3\cdot 3^3}+\frac{1}{4\cdot 3^4}+\cdots+\frac{1}{n\cdot 3^3}+\cdots$ 的和.

解 题设级数的和是幂级数 $\sum\limits_{n=1}^{\infty}\frac{x^n}{n}$ 当 $x=\frac{1}{3}$ 时的和. 设 $s(x)=\sum\limits_{n=1}^{\infty}\frac{x^n}{n}$, $x\in[-1,1)$, 逐项求导得 $s'(x)=\sum\limits_{n=1}^{\infty}x^{n-1}=\frac{1}{1-x}$, $x\in(-1,1)$, 两边积分得

$$\int_0^x s'(x)\mathrm{d}x=\int_0^x \frac{1}{1-x}\mathrm{d}x=-\ln(1-x),$$

即

$$s(x)-s(0)=-\ln(1-x)$$

又因为 $s(0)=0$, 所以 $s(x)=-\ln(1-x)$, 则题设级数的和为

$$s\left(\frac{1}{3}\right)=-\ln\left(1-\frac{1}{3}\right)=\ln\frac{3}{2}$$

6.3.13　利用直接法将函数展开成幂级数

例 25　将函数 $f(x)=\mathrm{e}^x$ 展开成 x 的幂级数.

解　由 $f^{(n)}(x)=\mathrm{e}^x$ 得 $f^{(n)}(0)=1$，$n=0,1,2,\cdots$, 于是 $f(x)$ 的麦克劳林级数为

$$1+x+\frac{1}{2!}x^2+\cdots+\frac{1}{n!}x^n+\cdots$$

该级数的收敛半径 $R=+\infty$. 对于任何有限的数 x，ξ (ξ 介于 0 与 x 之间), 有

$$|R^{(n)}(x)|=\left|\frac{\mathrm{e}^{\xi}}{(n+1)!}x^{n+1}\right|<\mathrm{e}^{|x|}\cdot\frac{|x|^{n+1}}{(n+1)!}$$

因 $\mathrm{e}^{|x|}$ 有限，而 $\dfrac{|x|^{n+1}}{(n+1)!}$ 是级数 $\sum\limits_{n=0}^{\infty}\dfrac{|x|^{n+1}}{(n+1)!}$ 的一般项，故 $\mathrm{e}^{|x|}\cdot\dfrac{|x|^{n+1}}{(n+1)!}\to 0\ (n\to\infty)$, 即 $\lim\limits_{n\to\infty}R_n(x)=0$, 于是

$$\mathrm{e}^x=1+x+\frac{1}{2!}x^2+\cdots+\frac{1}{n!}x^n+\cdots,\quad x\in(-\infty,+\infty)$$

例 26　将函数 $f(x)=\sin x$ 展成 x 的幂级数.

解

$$f^{(n)}(x)=\sin\left(x+\frac{n\pi}{2}\right),\quad n=0,1,2,\cdots$$

$f^{(n)}(0)$ 顺序循环地取 $0,1,0,-1,\cdots\ (n=0,1,2,\cdots)$, 于是 $f(x)$ 的麦克劳林级数为

$$x-\frac{1}{3!}x^3+\frac{1}{5!}x^5-\cdots+(-1)^n\frac{x^{2n+1}}{(2n+1)!}+\cdots$$

该级数的收敛半径 $R=+\infty$. 对于任何有限的数 x 、ξ(ξ 介于 0 与 x 之间), 有

$$|R_n(x)|=\left|\frac{\sin\left[\xi+\frac{(n+1)\pi}{2}\right]}{(n+1)!}x^{n+1}\right|<\frac{|x|^{n+1}}{(n+1)!}$$

有

$$|R_n(x)|<\frac{|x|^{n+1}}{(n+1)!}\to 0,\quad n\to\infty$$

于是

$$\sin x=x-\frac{1}{3!}x^3+\cdots+(-1)^n\frac{x^{2n+1}}{(2n+1)!}+\cdots,\quad x\in(-\infty,+\infty)$$

6.3.14　利用间接法将函数展开成幂级数

例 27　将函数 $f(x)=\arctan x$ 展开成 x 的幂级数.

解

$$\arctan x=\int_0^x \frac{dx}{1+x^2}=\int_0^x[1-x^2+x^4-\cdots+(-1)^n x^{2n}+\cdots]dx$$

$$=x-\frac{1}{3}x^3+\frac{1}{5}x^5-\cdots+(-1)^n\frac{x^{2n+1}}{2n+1}+\cdots,\quad x\in(-1,1)$$

当 $x=1$ 时，级数 $\sum\limits_{n=0}^{\infty}\frac{(-1)^n}{2n+1}$ 收敛；当 $x=-1$ 时，级数 $\sum\limits_{n=0}^{\infty}\frac{(-1)^{n+1}}{2n+1}$ 收敛. 且当 $x=\pm1$ 时，函数 $\arctan x$ 连续，所以

$$\arctan x=x-\frac{1}{3}x^3+\frac{1}{5}x^5-\cdots+(-1)^n\frac{x^{2n+1}}{2n+1}+\cdots,\quad x\in[-1,1]$$

例 28　将函数 $f(x)=\dfrac{1}{x^2+4x+3}$ 展开成 $(x-1)$ 的幂级数.

解

$$f(x)=\frac{1}{x^2+4x+3}=\frac{1}{(x+1)(x+3)}=\frac{1}{2(1+x)}-\frac{1}{2(3+x)}=\frac{1}{4\left(1+\frac{x-1}{2}\right)}-\frac{1}{8\left(1+\frac{x-1}{4}\right)}$$

而

$$\frac{1}{4\left(1+\frac{x-1}{2}\right)}=\frac{1}{4}\sum_{n=0}^{\infty}\frac{(-1)^n}{2^n}(x-1)^n,\quad -1<x<3$$

$$\frac{1}{8\left(1+\frac{x-1}{4}\right)}=\frac{1}{8}\sum_{n=0}^{\infty}\frac{(-1)^n}{4^n}(x-1)^n,\quad -3<x<5$$

故

$$\frac{1}{x^2+4x+3}=\sum_{n=0}^{\infty}(-1)^n\left(\frac{1}{2^{n+2}}-\frac{1}{2^{2n+3}}\right)(x-1)^n,\quad -1<x<3$$

6.4　A 组练习题

6.4.1　常数项级数的概念与性质

1. 设有以下命题:

① 若 $\sum\limits_{n=1}^{\infty}(u_{2n-1}+u_{2n})$ 收敛，则 $\sum\limits_{n=1}^{\infty}u_n$ 收敛；② 若 $\sum\limits_{n=1}^{\infty}u_n$ 收敛，则 $\sum\limits_{n=1}^{\infty}u_{n+1000}$ 收敛；

③ 若 $\lim\limits_{n\to\infty}\frac{u_{n+1}}{u_n}>1$，则 $\sum\limits_{n=1}^{\infty}u_n$ 发散；④ 若 $\sum\limits_{n=1}^{\infty}(u_n+v_n)$ 收敛，则 $\sum\limits_{n=1}^{\infty}u_n$，$\sum\limits_{n=1}^{\infty}v_n$ 都收敛.

以上命题正确的是(　　).

A. ①, ②　　B. ②, ③　　C. ③, ④　　D. ①, ④

2. 设 $a_n>0, n=1,2,\cdots$, 若 $\sum_{n=1}^{\infty}a_n$ 发散, $\sum_{n=1}^{\infty}(-1)^{n-1}a_n$ 收敛, 则下列结论正确的是(　　).

A. $\sum_{n=1}^{\infty}a_{2n-1}$ 收敛, $\sum_{n=1}^{\infty}a_{2n}$ 发散　　B. $\sum_{n=1}^{\infty}a_{2n-1}$ 发散, $\sum_{n=1}^{\infty}a_{2n}$ 收敛

C. $\sum_{n=1}^{\infty}(a_{2n-1}+a_{2n})$ 收敛　　D. $\sum_{n=1}^{\infty}(a_{2n-1}-a_{2n})$ 收敛

3. 若级数 $\sum_{n=1}^{\infty}a_n$ 收敛, 则级数(　　).

A. $\sum_{n=1}^{\infty}|a_n|$ 收敛　　B. $\sum_{n=1}^{\infty}(-1)^n a_n$ 收敛

C. $\sum_{n=1}^{\infty}a_n a_{n+1}$ 收敛　　D. $\sum_{n=1}^{\infty}\dfrac{a_n+a_{n+1}}{2}$ 收敛

4. 设 $\{u_n\}$ 是数列, 则下列命题正确的是(　　).

A. 若 $\sum_{n=1}^{\infty}u_n$ 收敛, 则 $\sum_{n=1}^{\infty}(u_{2n-1}+u_{2n})$ 收敛　　B. 若 $\sum_{n=1}^{\infty}(u_{2n-1}+u_{2n})$ 收敛, 则 $\sum_{n=1}^{\infty}u_n$ 收敛

C. 若 $\sum_{n=1}^{\infty}u_n$ 收敛, 则 $\sum_{n=1}^{\infty}(u_{2n-1}-u_{2n})$ 收敛　　D. 若 $\sum_{n=1}^{\infty}(u_{2n-1}-u_{2n})$ 收敛, 则 $\sum_{n=1}^{\infty}u_n$ 收敛

5. 若级数 $\sum_{n=2}^{\infty}\left[\sin\dfrac{1}{n}-k\ln\left(1-\dfrac{1}{n}\right)\right]$ 收敛, 则 $k=$(　　).

A. 1　　B. 2　　C. -1　　D. -2

6. 把一个球从 a 米高下落到地平面上. 球每次落下距离 h 碰到地平面再跳起距离 rh, 其中 r 是小于 1 的正数. 求这个球上下的总距离.

7. 把循环小数 5.232 323…表示成两个整数之比.

8. 判别级数 $\dfrac{1}{2}+\dfrac{1}{10}+\dfrac{1}{2^2}+\dfrac{1}{2\times10}+\cdots+\dfrac{1}{2^n}+\dfrac{1}{10n}+\cdots$ 是否收敛.

9. 设 $a_n\leqslant c_n\leqslant b_n, n=1,2,\cdots$, 且 $\sum_{n=1}^{\infty}a_n$ 及 $\sum_{n=1}^{\infty}b_n$ 均收敛, 证明级数 $\sum_{n=1}^{\infty}c_n$ 收敛.

10. 判别下列级数的敛散性, 若收敛则求其和.

(1) $\sum_{n=1}^{\infty}\left(\dfrac{1}{2^n}+\dfrac{1}{3^n}\right)$;　　(2) $\sum_{n=1}^{\infty}\dfrac{1}{n(n+1)(n+2)}$;

(3) $\sum_{n=1}^{\infty}n\cdot\sin\dfrac{\pi}{2n}$;　　(4) $\sum_{n=0}^{\infty}\cos\dfrac{n\pi}{2}$.

11. 设 k 为非零常数, 证明 $\sum_{n=1}^{\infty}u_n$ 与 $\sum_{n=1}^{\infty}(ku_n)$ 同时收敛, 同时发散. 特别地, 在级数收

敛时，若$\sum_{n=1}^{\infty}u_n=S$，则$\sum_{n=1}^{\infty}(ku_n)=kS$.

12. 证明 p 级数$\sum_{n=1}^{\infty}\frac{1}{n^p}$在$p>1$时收敛.

13. 设$\sum_{n=1}^{\infty}u_n\ (u_n>0)$加括号后收敛，证明$\sum_{n=1}^{\infty}u_n$亦收敛.

14. 设级数$\sum_{n=1}^{\infty}a_n^2$及$\sum_{n=1}^{\infty}b_n^2$都收敛，证明级数$\sum_{n=1}^{\infty}a_nb_n$及$\sum_{n=1}^{\infty}(a_n+b_n)^2$也都收敛.

6.4.2　正项级数

1. 设$\{a_n\}$为正项数列，下列选项正确的是(　　).

A. 若$a_n>a_{n+1}$，则$\sum_{n=1}^{\infty}(-1)^{n-1}a_n$收敛

B. 若$\sum_{n=1}^{\infty}(-1)^{n-1}a_n$收敛，则$a_n>a_{n+1}$

C. 若$\sum_{n=1}^{\infty}a_n$收敛，则存在常数$p>1$，使$\lim\limits_{x\to\infty}n^pa_n$存在

D. 存在常数$p>1$，使$\lim\limits_{n\to\infty}n^pa_n$存在，则$\sum_{n=1}^{\infty}a_n$收敛

2. 设$\sum_{n=1}^{\infty}a_n$为正项级数，下列选项正确的是(　　).

A. 若$\lim\limits_{n\to\infty}na_n=0$，则$\sum_{n=1}^{\infty}a_n$收敛

B. 若存在非零常数λ，使$\lim\limits_{n\to\infty}na_n=\lambda$存在，则$\sum_{n=1}^{\infty}a_n$发散

C. 若$\sum_{n=1}^{\infty}a_n$收敛，则$\lim\limits_{n\to\infty}n^2a_n=0$

D. 若$\sum_{n=1}^{\infty}a_n$发散，则存在非零常数λ，使$\lim\limits_{n\to\infty}na_n=\lambda$

3. 已知正项级数$\sum_{n=1}^{\infty}u_n$收敛，证明级数$\sum_{n=1}^{\infty}u_n^2$也收敛. 反之，若$\sum_{n=1}^{\infty}u_n^2$收敛，$\sum_{n=1}^{\infty}u_n$是否一定收敛?

4. 设$a_n=\int_0^{\frac{\pi}{4}}\tan^n x\mathrm{d}x$，证明级数$\sum_{n=1}^{\infty}\frac{a_n}{n^\lambda}\ (\lambda>0)$收敛.

5. 判别级数$\sum_{n=1}^{\infty}\frac{(n+a)^n}{n^{n+a}}$的敛散性.

6. 判别级数$\sum_{n=1}^{\infty}\left(\frac{\pi}{n}-\sin\frac{\pi}{n}\right)$的敛散性.

7. 判别级数 $\sum_{n=1}^{\infty}\left(\frac{1}{n}-\ln\frac{n+1}{n}\right)$ 的敛散性.

8. 级数 $\sum_{n=1}^{\infty}\frac{1}{n^{p}}$，当 $p>1$ 时收敛，有人说，因 $1+\frac{1}{n}>1$，故级数 $\sum_{n=1}^{\infty}\frac{1}{n^{1+\frac{1}{n}}}$ 收敛. 你认为他的说法对吗?

9. 判别级数 $\sum_{n=1}^{\infty}\frac{n!a^{n}}{n^{n}}\ (a>0)$ 的敛散性.

10. 判别级数 $\sum_{n=1}^{\infty}\frac{1}{1+a^{n}}\ (a>0)$ 的敛散性.

11. 判别级数 $\sum_{n=1}^{\infty}\frac{2+(-1)^{n}}{2^{n}}$ 的敛散性.

12. 判别级数 $\sum_{n=1}^{\infty}2^{-n-(-1)^{n}}$ 的敛散性.

13. 讨论级数 $\sum_{n=1}^{\infty}\frac{(n+1)!}{n^{n+1}}$ 的敛散性.

14. 利用级数敛散性，证明 $\lim_{n\to\infty}\frac{c^{n}}{n!}=0$，其中，$c>1$ 是常数.

15. 已知级数 $\sum_{n=1}^{\infty}a_{n}^{2}$ 和 $\sum_{n=1}^{\infty}b_{n}^{2}$ 都收敛，试证明级数 $\sum_{n=1}^{\infty}a_{n}b_{n}$ 绝对收敛.

16. 设数列 $\{na_{n}\}$ 有界，证明级数 $\sum_{n=1}^{\infty}a_{n}^{2}$ 收敛.

6.4.3　任意项级数

1. 设 $p_{n}=\frac{a_{n}+|a_{n}|}{2},q_{n}=\frac{a_{n}-|a_{n}|}{2},n=1,2,\cdots$，则下列命题正确的是(　　).

A. 若 $\sum_{n=1}^{\infty}a_{n}$ 条件收敛，则 $\sum_{n=1}^{\infty}p_{n}$ 与 $\sum_{n=1}^{\infty}q_{n}$ 都收敛

B. 若 $\sum_{n=1}^{\infty}a_{n}$ 绝对收敛，则 $\sum_{n=1}^{\infty}p_{n}$ 与 $\sum_{n=1}^{\infty}q_{n}$ 都收敛

C. 若 $\sum_{n=1}^{\infty}a_{n}$ 条件收敛，则 $\sum_{n=1}^{\infty}p_{n}$ 与 $\sum_{n=1}^{\infty}q_{n}$ 敛散性都不定

D. 若 $\sum_{n=1}^{\infty}a_{n}$ 绝对收敛，则 $\sum_{n=1}^{\infty}p_{n}$ 与 $\sum_{n=1}^{\infty}q_{n}$ 敛散性都不定

2. 已知级数 $\sum_{n=1}^{\infty}(-1)^{n}\sqrt{n}\sin\frac{1}{n^{\alpha}}$ 绝对收敛，级数 $\sum_{n=1}^{\infty}\frac{(-1)^{n}}{n^{2-\alpha}}$ 条件收敛，则 α 的取值范围是(　　).

A. $0<\alpha\leqslant\frac{1}{2}$　　　　B. $\frac{1}{2}<\alpha\leqslant 1$

C. $1<\alpha\leqslant\frac{3}{2}$　　D. $\frac{3}{2}<\alpha<2$

3. 下列级数中发散的是(　　).

A. $\sum_{n=1}^{\infty}\frac{n}{3^n}$　　B. $\sum_{n=1}^{\infty}\frac{1}{\sqrt{n}}\ln\left(1+\frac{1}{n}\right)$

C. $\sum_{n=2}^{\infty}\frac{(-1)^n+1}{\ln n}$　　D. $\sum_{n=1}^{\infty}\frac{n!}{n^n}$

4. 若$\sum_{n=1}^{\infty}nu_n$绝对收敛，$\sum_{n=1}^{\infty}\frac{v_n}{n}$条件收敛，则(　　).

A. $\sum_{n=1}^{\infty}u_nv_n$条件收敛　　B. $\sum_{n=1}^{\infty}u_nv_n$绝对收敛

C. $\sum_{n=1}^{\infty}(u_n+v_n)$收敛　　D. $\sum_{n=1}^{\infty}(u_n+v_n)$发散

5. 若$\sum_{n=1}^{\infty}u_n$条件收敛，则(　　).

A. $\sum_{n=1}^{\infty}(u_n+|u_n|)$与$\sum_{n=1}^{\infty}(u_n-|u_n|)$都收敛　　B. $\sum_{n=1}^{\infty}(u_n+|u_n|)$与$\sum_{n=1}^{\infty}(u_n-|u_n|)$都发散

C. $\sum_{n=1}^{\infty}(u_n+|u_n|)$收敛而$\sum_{n=1}^{\infty}(u_n-|u_n|)$发散　D. $\sum_{n=1}^{\infty}(u_n+|u_n|)$发散而$\sum_{n=1}^{\infty}(u_n-|u_n|)$收敛

6. 级数$\sum_{n=1}^{\infty}\left(\frac{1}{\sqrt{n}}-\frac{1}{\sqrt{n+1}}\right)\sin(n+k)$ (k为常数) (　　).

A. 绝对收敛　　B. 条件收敛　　C. 发散　　D. 敛散性与k有关

7. 判别级数$\sum_{n=2}^{\infty}\frac{(-1)^n\sqrt{n}}{n-1}$的敛散性.

8. 设正项数列$\{a_n\}$单调减少，且级数$\sum_{n=1}^{\infty}(-1)^na_n$发散，试问级数$\sum_{n=1}^{\infty}\left(\frac{1}{a_n+1}\right)^n$是否收敛并说明理由?

9. 判别级数$\sum_{n=1}^{\infty}(-1)^{n-1}\frac{n}{n^2+1}$的敛散性.

10. 已知级数$\sum_{n=1}^{\infty}u_n^2$收敛，证明级数$\sum_{n=1}^{\infty}\frac{u_n}{n}$绝对收敛.

11. 判别级数$\sum_{n=1}^{\infty}(-1)^{n+1}\frac{2^{n^2}}{n!}$的敛散性.

12. 判别级数$\sum_{n=1}^{\infty}\sin\left(\pi\sqrt{n^2+a^2}\right)$的敛散性.

6.4.4 幂级数

1. 幂级数$\sum_{n=1}^{\infty}\frac{e^n-(-1)^n}{n^2}x^n$的收敛半径为__________.

2. 若幂级数$\sum_{n=1}^{\infty}a_nx^n$的收敛域是[−9, 9], 则$\sum_{n=1}^{\infty}a_nx^{2n}$的收敛域为__________.

3. 如果幂级数逐项求导后, 收敛半径不变, 那么它的收敛域是否也不变?

4. 求所给幂级数的收敛域: $\sum_{n=1}^{\infty}\frac{2^{n+1}}{\sqrt{n+1}}(x+1)^n$.

5. 确定级数$\sum_{n=1}^{\infty}\frac{x^n}{(1+x)(1+x^2)\cdots(1+x^n)}\ (x\neq-1)$的收敛域.

6. 求函数项级数$\sum_{n=1}^{\infty}\frac{1}{n}\left(\frac{x-2}{x}\right)^n$的收敛域.

7. 求幂级数$\sum_{n=1}^{\infty}(-1)^{n-1}\frac{(3x-2)^n}{2n+1}$的收敛域.

8. 求幂级数$\sum_{n=1}^{\infty}\frac{(-1)^{n-1}}{n(2n-1)}x^{2n}$的和函数.

9. 求下列级数的和函数.

(1) $\sum_{n=2}^{\infty}\frac{1}{(n^2-1)2^n}$;　　(2) $\sum_{n=1}^{\infty}(-1)^n\frac{n(n+1)}{2^{2n}}$.

10. 求下列级数的和函数.

(1) $\sum_{n=1}^{\infty}\frac{1}{(2n-1)2^n}$;　　(2) $\sum_{n=1}^{\infty}\frac{n(n+1)}{2^n}$.

11. 求幂级数$\sum_{n=0}^{\infty}(n+1)(n+3)x^n$的收敛域及和函数.

12. 求幂级数$\sum_{n=0}^{\infty}\frac{x^{2n+2}}{(n+1)(2n+1)}$的收敛域及和函数.

13. 设$a_0=1,a_1=0,a_{n+1}=\frac{1}{n+1}(na_n+a_{n-1}),n=1,2,3\cdots$, $s(x)$为幂级数$\sum_{n=0}^{\infty}a_nx^n$的和函数.

(1) 证明$\sum_{n=0}^{\infty}a_nx^n$的收敛半径不小于1;

(2) 证明$(1-x)s'(x)-xs(x)=0,x\in(-1,1)$, 并求出和函数的表达式.

14. 求幂级数$1+\sum_{n=1}^{\infty}(-1)^n\frac{x^{2n}}{2n},|x|<1$的和函数$f(x)$及极值.

15. 设级数$\frac{x^4}{2\cdot4}+\frac{x^6}{2\cdot4\cdot6}+\frac{x^8}{2\cdot4\cdot6\cdot8}+\cdots,-\infty<x<+\infty$的和函数为$s(x)$. 求:

(1) $s(x)$所满足的一阶微分方程;

(2) $s(x)$ 的表达式.

16. 求幂级数 $\sum_{n=1}^{\infty}\left(\frac{1}{2n+1}-1\right)x^{2n}$ 在 $(-1,1)$ 内的和函数 $s(x)$.

17. 求幂级数 $\sum_{n=1}^{\infty}\frac{(-1)^{n-1}x^{2n+1}}{n(2n-1)}$ 的收敛域及和函数 $s(x)$.

18. 设银行存款的年利率 $r=0.05$，并依年复利计算，某基金会希望通过存款 A 万元，实现第一年提取 19 万元，第二年提取 28 万元，……，第 n 年提取 $(10+9n)$ 万元，并能按此规律一直提取下去，问 A 至少应为多少万元?

6.4.5 泰勒级数　函数的幂级数展开式

1. 将函数 $\ln(1+x-2x^2)$ 展开成 x 的幂级数.

2. 设函数 $f(x)=e^{x^2}$，求 $f^{(n)}(0)$.

3. 求常数项级数 $1-\frac{1}{3}+\frac{1}{5}-\frac{1}{7}+\cdots$ 的和.

4. 将函数 $\ln\left(4-3x-x^2\right)$ 展开成 x 的幂级数.

5. 将函数 $f(x)=\frac{1}{4}\ln\frac{1+x}{1-x}+\frac{1}{2}\arctan x-x$ 展开成 x 的幂级数.

6. 将 $f(x)=\frac{x-1}{4-x}$ 展开成 $(x-1)$ 的幂级数，并求 $f^{(n)}(1)$.

7. 将函数 $\sin x$ 展开成 $(x-\pi/4)$ 的幂级数.

8. 将函数 $f(x)=\frac{1}{x^2}$ 展开成 $(x-2)$ 的幂级数.

9. 将函数 $f(x)=\arctan\frac{1+x}{1-x}$ 展开成 x 的幂级数，并求其收敛域.

10. 将函数 $f(x)=\frac{1}{x^2-3x-4}$ 展开成 $(x-1)$ 的幂级数，并指出其收敛区间.

11. 已知 $\cos(2x)-\frac{1}{(1+x)^2}=\sum_{n=0}^{\infty}a_nx^n, -1<x<1$. 求 a_n.

12. 将函数 $f(x)=\arctan\frac{1-2x}{1+2x}$ 展开成 x 的幂级数，并求 $\sum_{n=0}^{\infty}\frac{(-1)^n}{2n+1}$ 的和.

13. 将函数 $f(x)=\frac{x}{2-x^2+x}$ 展开成 x 的幂级数，正确的是(　　).

A. $\frac{1}{3}\sum_{n=0}^{\infty}\left[(-1)^{n+1}+\frac{1}{2^n}\right]x^n$，$x\in(-1,1)$

B. $\frac{1}{3}\sum_{n=0}^{\infty}\left[(-1)^{n+1}-\frac{1}{2^n}\right]x^n$，$x\in(-1,1)$

C. $\frac{1}{3}\sum_{n=0}^{\infty}\left[(-1)^{n}+\frac{1}{2^{n-1}}\right]x^n$，$x\in(-1,1)$

D. $\frac{1}{3}\sum_{n=0}^{\infty}\left[(-1)^{n+2}+\frac{1}{2^{n+1}}\right]x^n$, $x\in(-1,1)$

14. 将函数 $f(x)=\frac{1}{x^2+3x+2}$ 展开成 $(x+4)$ 的幂级数, 正确的是(　　).

A. $\sum_{n=0}^{\infty}\left(\frac{1}{2^n}+\frac{1}{3^n}\right)(x+4)^n$, $x\in(-6,-2)$

B. $\sum_{n=0}^{\infty}\left(\frac{1}{2^{n+1}}+\frac{1}{3^{n+1}}\right)(x+4)^n$, $x\in(-6,-2)$

C. $\sum_{n=0}^{\infty}\left(\frac{1}{2^n}-\frac{1}{3^n}\right)(x+4)^n$, $x\in(-6,-2)$

D. $\sum_{n=0}^{\infty}\left(\frac{1}{2^{n+1}}-\frac{1}{3^{n+1}}\right)(x+4)^n$, $x\in(-6,-2)$

15. 将函数 $f(x)=\cos x$ 展开成 $\left(x+\frac{\pi}{3}\right)$ 的幂级数, 正确的是(　　).

A. $\sum_{n=0}^{\infty}(-1)^n\left[\frac{1}{(2n)!}x^{2n}+\frac{\sqrt{3}}{(2n+1)!}x^{2n+1}\right]$, $x\in(-\infty,+\infty)$

B. $\sum_{n=0}^{\infty}(-1)^n\left[\frac{1}{(2n)!}\left(x+\frac{\pi}{3}\right)^{2n}+\frac{\sqrt{3}}{(2n+1)!}\left(x+\frac{\pi}{3}\right)^{2n+1}\right]$, $x\in(-\infty,+\infty)$

C. $\frac{1}{2}\sum_{n=0}^{\infty}(-1)^n\left[\frac{1}{(2n)!}x^{2n}+\frac{\sqrt{3}}{(2n+1)!}x^{2n+1}\right]$, $x\in(-\infty,+\infty)$

D. $\frac{1}{2}\sum_{n=0}^{\infty}(-1)^n\left[\frac{1}{(2n)!}\left(x+\frac{\pi}{3}\right)^{2n}+\frac{\sqrt{3}}{(2n+1)!}\left(x+\frac{\pi}{3}\right)^{2n+1}\right]$, $x\in(-\infty,+\infty)$

16. 设 $I_n=\int_0^{\frac{\pi}{4}}\sin^n x\cos x\mathrm{d}x$, $n=0,1,2\cdots$, 求 $\sum_{n=0}^{\infty}I_n$.

17. 已知幂级数展开式为 $\arcsin x=x+\sum_{n=0}^{\infty}\frac{2\cdot(2n)!}{(n!)^2(2n+1)}\left(\frac{x}{2}\right)^{2n+1}$, $|x|<1$. 试求 $(\arcsin x)^{(7)}\big|_{x=0}$.

6.4.6 函数的幂级数展开式的应用

1. 计算 $\int_0^1\frac{\sin x}{x}\mathrm{d}x$ 的近似值, 精确到 10^{-4}.

2. 假定银行的年存款利率为 5%, 若以年复利计算利息, 某公司应在银行中一次存入多少资金, 才能保证从存入之日起, 以后每年能从银行提取 300 万元作为职工的福利.

3. (奖励基金创立问题) 为了创立某奖励基金, 需要筹集资金, 现假定该基金从创立之日起, 每年需要支付 400 万元作为奖励, 设基金的年利率为 5%, 分别以

(1) 年复利计算利息;

(2) 连续复利计算利息.

问需要筹集的资金为多少?

4. (合同订立问题) 某演艺公司与某位演员签订一份合同, 合同规定演艺公司在第 n 年末必须支付该演员或其后代 n 万元(n=1, 2, …), 假定银行存款按4%的年复利计算利息, 问演艺公司需要在签约当天存入银行的资金为多少?

5. 计算 $\int_0^{0.5}\frac{\arctan x}{x}\mathrm{d}x$ (误差不超过 0.000 1).

6. 计算 $\int_0^{0.5}\frac{1}{1+x^4}\mathrm{d}x$ (误差不超过 0.000 1).

7. 将函数 $\mathrm{e}^x\cos x$ 展开成 x 的幂级数.

6.5　总复习题 6

一、单项选择题(本题共 6 个小题, 每小题 3 分, 共 18 分)

1. 设 a 为常数, 则级数 $\sum\limits_{n=1}^{\infty}\frac{\sin a}{n^2}$ (　　).

A. 绝对收敛　　B. 条件收敛　　C. 发散　　D. 敛散性与 a 有关

2. 正项级数 $\sum\limits_{n=1}^{\infty}a_n$ 若满足条件(　　)必收敛.

A. $\lim\limits_{n\to\infty}a_n=0$　　B. $\lim\limits_{n\to\infty}\frac{a_n}{a_{n+1}}<1$

C. $\lim\limits_{n\to\infty}\frac{a_{n+1}}{a_n}<1$　　D. $\lim\limits_{n\to\infty}\frac{a_n}{a_{n+1}}=\lambda>1$

3. 若 $\sum\limits_{n=1}^{\infty}a_n$ 收敛, 则(　　).

A. $\lim\limits_{n\to\infty}\sum\limits_{k=1}^{n}a_k=0$　　B. $\lim\limits_{n\to\infty}\sum\limits_{n=1}^{\infty}a_n=0$

C. $\lim\limits_{n\to\infty}\sum\limits_{k=1}^{n}a_k$ 存在　　D. $\lim\limits_{n\to\infty}a_n$ 不存在

4. 下列级数中收敛的是(　　).

A. $\sum\limits_{n=1}^{\infty}\frac{(n!)^2}{2n^2}$　　B. $\sum\limits_{n=1}^{\infty}\frac{3^n n!}{n^n}$　　C. $\sum\limits_{n=2}^{\infty}\frac{1}{\pi^2}\sin\frac{\pi}{n^2}$　　D. $\sum\limits_{n=1}^{\infty}\frac{n+1}{n(n+2)}$

5. 幂级数 $\sum\limits_{n=1}^{\infty}(-1)^{n-1}\frac{(x-1)^n}{n}$ 的收敛区间是(　　).

A. $(0,2)$　　B. $[0,2)$　　C. $(0,2]$　　D. $[0,2]$

6. 设级数 $\sum\limits_{n=1}^{\infty}a_n$ 收敛, 则(　　).

A. $\sum\limits_{n=1}^{\infty}|a_n|$ 收敛　　B. $\sum\limits_{n=1}^{\infty}(-1)^n a_n$ 收敛

C. $\sum\limits_{n=1}^{\infty}a_n a_{n+1}$ 收敛　　D. $\sum\limits_{n=1}^{\infty}\dfrac{a_n+a_{n+1}}{2}$ 收敛

二、填空题(本题共 6 个小题，每小题 3 分，共 18 分)

1. 若级数为 $1+\dfrac{1}{2}+3+\dfrac{1}{4}+5+\dfrac{1}{6}+\cdots$，则当 $n=2k-1$ 时，$a_n=$__________；当 $n=2k$ 时，$a_n=$__________.

2. 等比级数 $\sum\limits_{n=0}^{\infty}aq^n$，当__________时收敛；当__________时发散.

3. p 级数当__________时收敛；当__________时发散.

4. 幂级数 $\dfrac{2}{2}x+\dfrac{2^2}{5}x^2+\cdots+\dfrac{2^n}{n^2+1}x^n+\cdots$ 的收敛区间为__________.

5. 幂级数 $\sum\limits_{n=1}^{\infty}\dfrac{x^n}{a^n+b^n}, a>0, b>0$ 的收敛区间为__________.

6. 设 $\sum\limits_{n=1}^{\infty}a_n x^n$ 的收敛半径为 R，则 $\sum\limits_{n=1}^{\infty}a_n x^{2n}$ 的收敛半径为__________.

三、解答题(本题共 10 个小题，每小题 5 分，共 50 分)

1. 判定级数 $\dfrac{1}{2}+\dfrac{3}{2^2}+\dfrac{5}{2^3}+\cdots+\dfrac{2n-1}{2^n}+\cdots$ 的敛散性.

2. 已知级数 $\sum\limits_{n=1}^{\infty}\dfrac{1}{(3n-2)(3n+1)}$.

(1) 求第 n 次部分和;

(2) 判别其敛散性，若收敛，求其和.

3. 讨论交错级数 $\sum\limits_{n=1}^{\infty}(-1)^n\dfrac{\ln n}{\sqrt[3]{n}}$ 的敛散性.

4. 求幂级数 $\sum\limits_{n=1}^{\infty}\dfrac{(x-3)^n}{n^2}$ 的收敛半径和收敛域.

5. 设 $s(x)=\sum\limits_{n=2}^{\infty}\dfrac{1}{n(n-1)}(x-2)^n$，$x\in[1,3)$，求和函数 $s(x)$，并求级数 $\sum\limits_{n=1}^{\infty}\dfrac{(-1)^n}{n(n-1)}$ 的和.

6. 已知幂级数 $\sum\limits_{n=0}^{\infty}\dfrac{x^{2n+1}}{2n+1}$.

(1) 求其收敛域;

(2) 求其和函数.

7. 求幂级数 $\dfrac{2}{2}x+\dfrac{2^2}{5}x^2+\dfrac{2^3}{10}x^3+\cdots+\dfrac{2^n}{n^2+1}x^n+\cdots$ 的收敛域.

8. 求幂级数 $\sum_{n=0}^{\infty}\frac{(2n)!}{(n!)^2}x^{2n}$ 的收敛半径.

9. 将函数 $f(x)=x\arctan x$ 展开成麦克劳林级数.

10. 写出函数 $f(x)=\frac{1}{x^2+3x-10}$ 在 $x_0=-3$ 的泰勒级数.

四、证明题(本题共 2 个小题，每小题 7 分，共 14 分)

1. 已知级数 $\sum_{n=0}^{\infty}u_n$ 收敛，$\sum_{n=0}^{\infty}v_n$ 发散，证明级数 $\sum_{n=0}^{\infty}(u_n+v_n)$ 发散.

2. 证明 $\lim_{n\to\infty}\frac{n^n}{(n!)^2}=0$.

第 7 章　微 分 方 程

7.1　知识点小结

7.1.1　微分方程的基本概念

1. 微分方程的定义

含有未知函数、未知函数的导数与自变量之间关系的方程称为微分方程.

2. 常微分方程与偏微分方程

未知函数为一元函数的微分方程称为**常微分方程**. 未知函数为多元函数的微分方程称为**偏微分方程**(本教材只学习常微分方程).

3. n 阶微分方程的一般形式

$$F(x,y,y',y'',\cdots,y^{(n)})=0$$

其中, x 为自变量, $y=y(x)$ 是未知函数.

4. n 阶线性微分方程的一般形式

$$y^{(n)}+a_1(x)y^{(n-1)}+\cdots+a_{n-1}(x)y'+a_n(x)y=g(x)$$

其中, $a_1(x)$, $a_2(x)$, $\cdots$, $a_n(x)$ 和 $g(x)$ 均为自变量 x 的已知函数.

5. 微分方程的解

函数 $y=\varphi(x)$ 在区间 I 上有 n 阶连续导数, 若在区间 I 上, 有

$$F\left[x,\varphi(x),\varphi'(x),\varphi''(x),\cdots,\varphi^{(n)}(x)\right]=0$$

则称函数 $y=\varphi(x)$ 为微分方程在区间 I 上的解.微分方程的解可能含有, 也可能不含有任意常数. 一般地, 微分方程不含有任意常数的解称为微分方程的**特解**; 含有相互独立的任意常数, 且任意常数的个数与微分方程的阶数相等的解称为微分方程的**通解**.

6. 初始条件

许多实际问题都要求寻找满足某些附加条件的解, 此时, 这类附加条件就可以用来确定通解中的任意常数, 这类附加条件称为**初始条件**, 也称为**定解条件**.

7. 初值问题

带有初始条件的微分方程称为微分方程的**初值问题**.

8. 积分曲线

微分方程的解的图形是一条曲线，称为微分方程的**积分曲线**.

7.1.2　一阶微分方程

1. 可分离变量的微分方程

可化为形如

$$g(y)\mathrm{d}y = f(x)\mathrm{d}x$$

的一阶微分方程为**可分离变量的微分方程**，其中，$f(x), g(x)$ 都是连续函数. 根据这种方程的特点，可通过方程两边积分来求解. 求解可分离变量的方程的方法称为**分离变量法**.

2. 齐次方程

形如

$$\frac{\mathrm{d}y}{\mathrm{d}x} = f\left(\frac{y}{x}\right)$$

的一阶微分方程称为**齐次微分方程**，简称**齐次方程**. 齐次方程的求解方法是作代换 $u = \frac{y}{x}$，化为可分离变量的方程，再用可分离变量微分方程的求解方法求解.

3. 可化为齐次方程的方程

形如

$$\frac{\mathrm{d}y}{\mathrm{d}x} = f\left(\frac{a_1x + b_1y + c_1}{a_2x + b_2y + c_2}\right)$$

的方程，当 $\frac{a_1}{a_2} \neq \frac{b_1}{b_2}$，先求出两条直线

$$a_1x + b_1y + c_1 = 0, \qquad a_2x + b_2y + c_2 = 0$$

的交点 (x_0, y_0)，然后作平移变换

$$\begin{cases} X = x - x_0 \\ Y = y - y_0 \end{cases}, \quad 即 \quad \begin{cases} x = X + x_0 \\ y = Y + y_0 \end{cases}$$

这时，$\frac{\mathrm{d}y}{\mathrm{d}x} = \frac{\mathrm{d}Y}{\mathrm{d}X}$，于是原方程就化为齐次方程

$$\frac{\mathrm{d}Y}{\mathrm{d}X}=f\left(\frac{a_1X+b_1Y}{a_2X+b_2Y}\right)$$

求出其通解后回代转化为原微分方程的通解.

4. 一阶线性微分方程

形如

$$\frac{\mathrm{d}y}{\mathrm{d}x}+P(x)y=Q(x) \tag{1}$$

的方程称为**一阶线性微分方程**. 其中, 函数 $P(x)$ 、$Q(x)$ 是某一区间 I 上的连续函数.

当 $Q(x)=0$ 时, 方程式(1)为

$$\frac{\mathrm{d}y}{\mathrm{d}x}+P(x)y=0 \tag{2}$$

这个方程称为**一阶齐次线性微分方程**. 相应地, $Q(x)\neq 0$ 时, 方程式(1)称为**一阶非齐次线性微分方程**.

一阶齐次线性微分方程的通解为

$$y=C\mathrm{e}^{-\int P(x)\mathrm{d}x}$$

其中,C 为任意常数.

一阶非齐次线性微分方程的通解为

$$y=\left[\int Q(x)\mathrm{e}^{\int P(x)\mathrm{d}x}\mathrm{d}x+C\right]\mathrm{e}^{-\int P(x)\mathrm{d}x}$$

5. 伯努利方程

形如

$$\frac{\mathrm{d}y}{\mathrm{d}x}+P(x)y=Q(x)y^n$$

的方程称为**伯努利方程**. 其中, n 为常数, 且 $n\neq 0,1$.

伯努利方程是一类非线性方程, 但是通过适当的变换, 可以把它化为线性方程. 在方程两端除以 y^n, 得

$$y^{-n}\frac{\mathrm{d}y}{\mathrm{d}x}+P(x)y^{1-n}=Q(x)$$

令 $z=y^{1-n}$, 就得到关于变量 z 的一阶线性方程

$$\frac{\mathrm{d}z}{\mathrm{d}x}+(1-n)P(x)z=(1-n)Q(x)$$

利用线性方程的求解方法求出通解后, 再回代原变量便可得到伯努利方程的通解

$$y^{1-n}=\mathrm{e}^{-\int(1-n)P(x)\mathrm{d}x}\left(\int Q(x)(1-n)\mathrm{e}^{\int(1-n)P(x)\mathrm{d}x}\mathrm{d}x+C\right)$$

7.1.3　二阶微分方程

1. 可降阶的二阶微分方程

1) $y''=f(x)$ 型

在方程 $y''=f(x)$ 两端积分，得

$$y'=\int f(x)\mathrm{d}x+C_1$$

再次积分，得

$$y=\int\left[\int f(x)\mathrm{d}x+C_1\right]\mathrm{d}x+C_2$$

注：这种类型的方程的解法，可推广到 n 阶微分方程

$$y^{(n)}=f(x)$$

只要连续积分 n 次，就可得到这个方程的含有 n 个任意常数的通解.

2) $y''=f(x,y')$ 型

这种方程的特点是不显含未知函数 y，求解的方法是：

令 $y'=p(x)$，则 $y''=p'(x)$，原方程化为以 $p(x)$ 为未知函数的一阶微分方程

$$p'=f(x,p)$$

设其通解为

$$p=\varphi(x,C_1)$$

然后再根据关系式 $y'=p$，又得到一个一阶微分方程

$$\frac{\mathrm{d}y}{\mathrm{d}x}=\varphi(x,C_1)$$

对它进行积分，即可得到原方程的通解

$$y=\int\varphi(x,C_1)\mathrm{d}x+C_2$$

3) $y''=f(y,y')$ 型

这种方程的特点是不显含自变量 x. 求解的方法：把 y 暂时看作自变量，并作变换 $y'=p(y)$，于是由复合函数的求导法则有

$$y''=\frac{\mathrm{d}p}{\mathrm{d}x}=\frac{\mathrm{d}p}{\mathrm{d}y}\cdot\frac{\mathrm{d}y}{\mathrm{d}x}=p\frac{\mathrm{d}p}{\mathrm{d}y}$$

这样就将原方程化为

$$p\frac{\mathrm{d}p}{\mathrm{d}y}=f(y,p)$$

这是一个关于变量 y、p 的一阶微分方程. 设它的通解为

$$y'=p=\varphi(y,C_1)$$

这是可分离变量的方程，对其积分即得原方程的通解

$$\int \frac{\mathrm{d}y}{\varphi(y, C_1)} = x + C_2$$

2. 二阶线性微分方程的性质与解的结构

1) 二阶线性微分方程

形如

$$\frac{\mathrm{d}^2 y}{\mathrm{d}x^2} + P(x)\frac{\mathrm{d}y}{\mathrm{d}x} + Q(x)y = f(x) \tag{3}$$

的方程称为**二阶线性微分方程**. 其中，$P(x)$、$Q(x)$ 及 $f(x)$ 是自变量 x 的已知函数，函数 $f(x)$ 称为方程的**自由项**. 当 $f(x)=0$ 时，方程式(3)成为

$$\frac{\mathrm{d}^2 y}{\mathrm{d}x^2} + P(x)\frac{\mathrm{d}y}{\mathrm{d}x} + Q(x)y = 0 \tag{4}$$

方程式(4)称为**二阶齐次线性微分方程**. 相应地，$f(x)\neq 0$ 时方程式(3)称为**二阶非齐次线性微分方程**.

2) 二阶线性微分方程的性质与解的结构

定理 1　若函数 $y_1(x)$ 与 $y_2(x)$ 是方程式(4)的两个解，则

$$y = C_1 y_1(x) + C_2 y_2(x)$$

也是方程式(4)的解，其中，C_1, C_2 是任意常数.

定理 2　若 $y_1(x)$ 与 $y_2(x)$ 是方程式(4)的两个线性无关的特解，则

$$y = C_1 y_1(x) + C_2 y_2(x)$$

就是方程式(4)的通解，其中，C_1, C_2 是任意常数.

定理 3　设 y^* 是方程式(3)的一个特解，而 Y 是其对应的齐次方程式(4)的通解，则

$$y = Y + y^*$$

就是二阶非齐次线性微分方程式(3)的通解.

定理 4　设 y_1^* 与 y_2^* 分别是方程

$$y'' + P(x)y' + Q(x)y = f_1(x)$$

与

$$y'' + P(x)y' + Q(x)y = f_2(x)$$

的特解，则 $y_1^* + y_2^*$ 是方程

$$y'' + P(x)y' + Q(x)y = f_1(x) + f_2(x)$$

的特解.

定理 5　设 $y_1 + \mathrm{i}y_2$ 是方程

$$y'' + P(x)y' + Q(x)y = f_1(x) + \mathrm{i}f_2(x)$$

的解，其中 $P(x), Q(x), f_1(x), f_2(x)$ 为实值函数，i 为纯虚数. 则 y_1 与 y_2 分别是方程

$$y'' + P(x)y' + Q(x)y = f_1(x)$$

与

$$y'' + P(x)y' + Q(x)y = f_2(x)$$

的解.

3. 二阶常系数线性微分方程及其求解方法

1) 二阶常系数线性微分方程

形如

$$y'' + py' + qy = f(x) \tag{5}$$

的方程称为**二阶常系数线性微分方程**，其中，p, q 为常数，$f(x)$ 为关于 x 的已知函数. 当 $f(x) = 0$ 时，方程式(5)成为

$$y'' + py' + qy = 0 \tag{6}$$

方程式(6)称为**二阶常系数齐次线性微分方程**，相应地，$f(x) \neq 0$ 时方程式(5)称为**二阶常系数非齐次线性微分方程**.

2) 二阶常系数齐次线性微分方程的通解

方程式(6)的特征方程

$$r^2 + pr + q = 0$$

的两个根 r_1，r_2 为**特征根**，根据特征根的情形，相应方程式(6)的通解可按下述方式得出.

特征方程 $r^2 + pr + q = 0$ 的根	微分方程 $y'' + py' + qy = 0$ 的通解
有两个不相等的实根 r_1, r_2	$y = C_1\mathrm{e}^{r_1x} + C_2\mathrm{e}^{r_2x}$
有二重根 $r_1 = r_2$	$y = (C_1 + C_2x)\mathrm{e}^{r_1x}$
有一对共轭复根 $r_1 = \alpha + \mathrm{i}\beta, r_2 = \alpha - \mathrm{i}\beta$	$y = \mathrm{e}^{\alpha x}[C_1\cos(\beta x) + C_2\sin(\beta x)]$

这种根据二阶常系数齐次线性微分方程的特征方程的根直接确定其通解的方法称为**特征方程法**.

3) n 阶常系数齐次线性微分方程的解法

n 阶常系数齐次线性微分方程的一般形式为

$$y^{(n)}+p_1y^{(n-1)}+\cdots+p_{n-1}y'+p_ny=0$$

其特征方程为

$$r^n+p_1r^{n-1}+\cdots+p_{n-1}r+p_n=0$$

根据特征方程的根, 可按下述方式直接写出其对应的微分方程的解.

特征方程的根	通解中的对应项
是 k 重根 r	$(C_0+C_1x+\cdots+C_{k-1}x^{k-1})e^{rx}$
是 k 重共轭复根 $\alpha\pm i\beta$	$[(C_0+C_1x+\cdots+C_{k-1}x^{k-1})\cos(\beta x)$ $+(D_0+D_1x+\cdots+D_{k-1}x^{k-1})\sin(\beta x)]e^{\alpha x}$

n 次代数方程有 n 个根, 而特征方程的每个根都对应通解中的一项, 且每项各含一个任意常数. 这样就得到 n 阶常系数齐次线性微分方程的通解为

$$y=C_1y_1+C_2y_2+\cdots+C_ny_n$$

4) 二阶常系数非齐次线性微分方程的特解

方程式(5)的特解的形式与方程右端的自由项 $f(x)$ 有关, 如果对于 $f(x)$ 的一般情形来求方程式(5)的特解仍是非常困难的, 这里只就 $f(x)$ 的两种常见情形进行讨论.

第一种情形:　　$f(x)=P_m(x)e^{\lambda x}$

其中, λ 是常数, $P_m(x)$ 是 x 的一个 m 次多项式.

$$P_m(x)=a_0x^m+a_1x^{m-1}+\cdots+a_{m-1}x+a_m$$

其特解公式为

$$y^*=x^kR_m(x)e^{\lambda x}$$

其中, k 按 λ 不是特征方程的根、是特征方程的单根或是特征方程的重根依次取为 0、1 或 2.

第二种情形:　　$f(x)=P_m(x)e^{\lambda x}\cos(\omega x)$ 或 $P_m(x)e^{\lambda x}\sin(\omega x)$

其中, λ、ω 是常数, $P_m(x)$ 是 x 的一个 m 次多项式. 其特解公式为

$$y^*=x^ke^{\lambda x}\left[R_m^{(1)}(x)\cos(\omega x)+R_m^{(2)}(x)\sin(\omega x)\right]$$

其中, $R_m^{(1)}(x)$、$R_m^{(2)}(x)$ 是 m 次多项式函数, 而 k 按 $\lambda+\omega i$ (或 $\lambda-\omega i$)不是特征方程的根或是特征方程的根依次取为 0 或 1.

7.1.4　差分方程

1. 差分的概念

设函数 $y_t = y(t)$，改变量 $y_{t+1} - y_t$ 称为函数 y_t 的差分，也称为函数 y_t 的**一阶差分**，记为 Δy_t，即 $\Delta y_t = y_{t+1} - y_t$ 或 $\Delta y(t) = y(t+1) - y(t)$.

一阶差分的差分称为**二阶差分** $\Delta^2 y_t$，即

$$\begin{aligned}\Delta^2 y_t &= \Delta(\Delta y_t) = \Delta y_{t+1} - \Delta y_t \\ &= (y_{t+2} - y_{t+1}) - (y_{t+1} - y_t) = y_{t+2} - 2y_{t+1} + y_t\end{aligned}$$

类似可定义三阶差分，四阶差分,…….

$$\Delta^3 y_t = \Delta(\Delta^2 y_t),\quad \Delta^4 y_t = \Delta(\Delta^3 y_t), \cdots$$

一般地，函数 y_t 的 $n-1$ 阶差分的差分称为 ***n* 阶差分**，记为 $\Delta^n y_t$，即

$$\Delta^n y_t = \Delta^{n-1} y_{t+1} - \Delta^{n-1} y_t = \sum_{i=0}^{n} (-1)^i C_n^i y_{t+n-i}$$

二阶及二阶以上的差分统称为**高阶差分**.

差分的性质:

(1) $\Delta(Cy_t) = C\Delta y_t, C$ 为常数.

(2) $\Delta(y_t \pm z_t) = \Delta y_t \pm \Delta z_t$.

(3) $\Delta(y_t \cdot z_t) = z_t \Delta y_t + y_{t+1} \Delta z_t$.

(4) $\Delta\left(\dfrac{y_t}{z_t}\right) = \dfrac{z_t \Delta y_t - y_t \Delta z_t}{z_{t+1} \cdot z_t}$, $z_t \neq 0$.

2. 差分方程的概念

含有未知函数 y_t 的差分的方程称为**差分方程**.

3. 差分方程的一般形式

$$F(t, y_t, \Delta y_t, \Delta^2 y_t, \cdots, \Delta^n y_t) = 0$$

或

$$G(t, y_t, y_{t+1}, y_{t+2}, \cdots, y_{t+n}) = 0$$

4. 差分方程的阶

差分方程中所含未知函数差分的最高阶数称为该**差分方程的阶**. 差分方程的不同形式可以互相转化.

5. 差分方程的解

满足差分方程的函数称为该**差分方程的解**. 若差分方程的解中含有相互独立的任意常数的个数恰好等于方程的阶数, 则称这个解为该差分方程的**通解**. 往往要根据系统在初始时刻所处的状态对差分方程附加一定的条件, 这种附加条件称为**初始条件**, 满足初始条件的解称为**特解**.

6. 线性差分方程

若差分方程中所含未知函数及未知函数的各阶差分均为一次的, 则称该差分方程为**线性差分方程**.

7. 线性差分方程的一般形式

$$y_{t+n}+a_1(t)y_{t+n-1}+\cdots+a_{n-1}(t)y_{t+1}+a_n(t)y_t=f(t)$$

其特点是 $y_{t+n},y_{t+n+1},\cdots,y_t$ 都是一次的.

8. 一阶常系数线性差分方程

一阶常系数线性差分方程的一般形式

$$y_{t+1}-Py_t=f(t) \tag{7}$$

其中, P 为非零常数, $f(t)$ 为已知函数. 若 $f(t)=0$, 则方程式(7)变为

$$y_{t+1}-Py_t=0 \tag{8}$$

方程式(8)称为**一阶常系数齐次线性差分方程**. 相应地, 方程式(7)称为**一阶常系数非齐次线性差分方程**.

9. 一阶常系数齐次线性差分方程的通解

$y_t=Ap^t$, A 为任意常数.

10. 一阶常系数非齐次线性差分方程的解

设 $\overline{y}_t$ 为方程式(8)的通解, y_t^* 为方程式(7)的一个特解, 则 $y_t=\overline{y}_t+y_t^*$ 为方程式(7)的通解.

当 $f(t)=c$ (c 为非零常数)时, 方程式(7)的特解为

(1) 当 $p=1$ 时, 设 $y_t^*=At$, 从而 $A=c$, 即 $y_t^*=ct$.

(2) 当 $p\neq 1$ 时, 设 $y_t^*=A$, 从而 $A=\dfrac{c}{1-p}$, 即 $y_t^*=\dfrac{c}{1-p}$.

$f(t)=cb^t$ (c,b 为非零常数且 $b\neq 1$), 方程式(7)的特解为

(1) 当 $p\neq b$ 时, 设 $y_t^*=Ab^t$, 从而 $A=\dfrac{c}{b-c}$, 即 $y_t^*=\dfrac{c}{b-p}b^t$.

(2) 当 $p=b$ 时, 设 $y_t^*=Atb^t$, 从而 $A=\dfrac{c}{b}$, 即 $y_t^*=ctb^{t-1}$.

$f(t)=p_n(t)$ ($p_n(t)$ 是 t 的 n 次多项式函数), 方程式(7)的特解为

(1) 当 $p=1$ 时, $y_t^*=t(A_0+A_1+\cdots+A_nt^n)$.

(2) 当 $p\neq 1$ 时, $y_t^*=A_0+A_t+\cdots+A_nt^n$.

7.2　考研数学大纲要求

7.2.1　考试内容

常微分方程的基本概念, 变量可分离的微分方程, 齐次微分方程, 一阶线性微分方程, 线性微分方程解的性质及解的结构定理, 二阶常系数齐次线性微分方程及简单的非齐次线性微分方程, 差分与差分方程的概念, 差分方程的通解与特解, 一阶常系数线性差分方程, 微分方程的简单应用.

7.2.2　考试要求

(1) 了解微分方程及其阶、解、通解、初始条件和特解等概念.

(2) 掌握变量可分离的微分方程、齐次微分方程和一阶线性微分方程的求解方法.

(3) 会解二阶常系数齐次线性微分方程.

(4) 了解线性微分方程解的性质及解的结构定理, 会解自由项为多项式、指数函数、正弦函数、余弦函数的二阶常系数非齐次线性微分方程.

(5) 了解差分与差分方程及其通解与特解等概念.

(6) 了解一阶常系数线性差分方程的求解方法.

7.3　典 型 例 题

7.3.1　与微分方程的基本概念相关的举例

例 1　设一物体的温度为 100 ℃, 将其放置在空气温度为 20 ℃的环境中冷却, 物体温度的变化率与物体和当时空气温度之差成正比, 试求物体的温度 T 与时间 t 的函数关系式.

解　设物体的温度 T 与时间 t 的函数关系为 $T=T(t)$, 则可建立函数 $T(t)$ 满足的微分方程为

$$\frac{\mathrm{d}T}{\mathrm{d}t}=-k(T-20)$$

其中, k $(k>0)$ 为比例常数. 这就是**物体冷却的数学模型**.

根据题意，$T=T(t)$ 还需满足初始条件

$$T|_{t=0}=100$$

例 2 试指出下列方程是什么方程，并指出微分方程的阶数.

(1) $\dfrac{dy}{dx}=x^2+y$； (2) $x\left(\dfrac{dy}{dx}\right)^2-2\dfrac{dy}{dx}+4x$；

(3) $x\dfrac{d^2y}{dx^2}-2\left(\dfrac{dy}{dx}\right)^3+5xy=0$； (4) $\cos(y'')+\ln y=x+1$.

解 (1) 题设方程是一阶线性微分方程，因方程中含有的 $\dfrac{dy}{dx}$ 和 y 都是一次的.

(2) 题设方程是一阶非线性微分方程，因方程中含有 $\dfrac{dy}{dx}$ 的平方项.

(3) 题设方程是二阶非线性微分方程，因方程中含有 $\dfrac{dy}{dx}$ 的三次方.

(4) 题设方程是二阶非线性微分方程，因方程中含有非线性函数 $\cos(y'')$ 和 $\ln y$.

例 3 求曲线族 $x^2+Cy^2=1$ 满足的微分方程，其中 C 为任意常数.

解 求曲线族所满足的方程，就是求一个微分方程，使所给的曲线族正好是该微分方程的积分曲线族. 因此，所求的微分方程的阶数应与已知曲线族中的任意常数的个数相等. 这里，通过消去任意常数的方法来得到所求的微分方程.在等式 $x^2+Cy^2=1$ 两端对 x 求导，得

$$2x+2Cyy'=0$$

再从 $x^2+Cy^2=1$ 解出 $C=\dfrac{1-x^2}{y^2}$，代入上式得

$$2x+2\cdot\frac{1-x^2}{y^2}y\cdot y'=0$$

化简即得到所求的微分方程 $xy+(1-x^2)y'=0$.

7.3.2 可分离变量的微分方程的求解

例 4 求微分方程 $\dfrac{dy}{dx}=2xy$ 的通解.

解 分离变量得

$$\frac{dy}{y}=2xdx$$

两端积分得

$$\int\frac{dy}{y}=\int 2xdx$$

解得

$$\ln|y| = x^2 + C_1$$

从而

$$y = \pm e^{x^2+C_1} = \pm e^{C_1} \cdot e^{x^2}$$

记 $C = \pm e^{C_1}$ 则得到题设方程的通解

$$y = Ce^{x^2}$$

例 5 求微分方程 $dx + xydy = y^2dx + ydy$ 的通解.

解 先合并 dx 及 dy 的各项, 得

$$y(x-1)dy = (y^2-1)dx$$

设 $y^2-1 \neq 0, x-1 \neq 0$, 分离变量得

$$\frac{y}{y^2-1}dy = \frac{1}{x-1}dx$$

两端积分 $\int \frac{y}{y^2-1}dy = \int \frac{1}{x-1}dx$ 得

$$\frac{1}{2}\ln|y^2-1| = \ln|x-1| + \ln|C_1|$$

于是

$$y^2 - 1 = \pm C_1^2(x-1)^2$$

记 $C = \pm C_1^2$, 则得题设方程的通解

$$y^2 - 1 = C(x-1)^2$$

例 6 已知 $f'(\sin^2 x) = \cos(2x) + \tan^2 x$, 当 $0 < x < 1$ 时, 求 $f(x)$.

解 设 $y = \sin^2 x$, 则

$$\cos(2x) = 1 - 2\sin^2 x = 1 - 2y$$

$$\tan^2 x = \frac{\sin^2 x}{\cos^2 x} = \frac{\sin^2 x}{1-\sin^2 x} = \frac{y}{1-y}$$

题设方程变为

$$f'(y) = 1 - 2y + \frac{y}{1-y}, \text{ 即 } f'(y) = -2y + \frac{1}{1-y}$$

所以

$$f(y) = \left(-2y + \frac{1}{1-y}\right) dy = -y^2 - \ln(1-y) + C$$

可得

$$f(x) = -[x^2 + \ln(1-x)] + C, \quad 0 < x < 1$$

7.3.3　齐次方程的求解

例 7　求解微分方程$\dfrac{dy}{dx}=\dfrac{y}{x}+\tan\dfrac{y}{x}$满足初始条件$y\big|_{x=1}=\dfrac{\pi}{6}$的特解.

解　题设方程为齐次方程, 设$u=\dfrac{y}{x}$, 则

$$\frac{dy}{dx}=u+x\frac{du}{dx}$$

代入题设方程得

$$u+x\frac{du}{dx}=u+\tan u$$

分离变量得

$$\cot u du=\frac{1}{x}dx$$

两边积分得

$$\ln|\sin u|=\ln|x|+\ln|C|$$

整理得

$$\sin u=Cx$$

将$u=\dfrac{y}{x}$回代, 则得到题设方程的通解为

$$\sin\frac{y}{x}=Cx$$

利用初始条件$y|_{x=1}=\pi/6$, 得到

$$C=\frac{1}{2}$$

从而题设方程的特解为

$$\sin\frac{y}{x}=\frac{1}{2}x$$

例 8　求解微分方程$\dfrac{dx}{x^2-xy+y^2}=\dfrac{dy}{2y^2-xy}$.

解　题设方程变形为

$$\frac{dy}{dx}=\frac{2y^2-xy}{x^2-xy+y^2}=\frac{2\left(\dfrac{y}{x}\right)^2-\dfrac{y}{x}}{1-\dfrac{y}{x}+\left(\dfrac{y}{x}\right)^2}$$

令$u=\dfrac{y}{x}$, 则$\dfrac{dy}{dx}=u+x\dfrac{du}{dx}$, 代入题设方程得

$$u + x\frac{\mathrm{d}u}{\mathrm{d}x} = \frac{2u^2 - u}{1 - u + u^2}$$

分离变量得

$$\left[\frac{1}{2}\left(\frac{1}{u-2} - \frac{1}{u}\right) - \frac{2}{u-2} + \frac{1}{u-1}\right]\mathrm{d}u = \frac{\mathrm{d}x}{x}$$

两边积分得

$$\ln(u-1) - \frac{3}{2}\ln(u-2) - \frac{1}{2}\ln u = \ln x + \ln C$$

整理得 $$\frac{u-1}{\sqrt{u}(u-2)^{3/2}} = Cx$$

题设微分方程的解为 $$(y-x)^2 = Cy(y-2x)^3$$

例 9 求解微分方程 $y^2 + x^2\frac{\mathrm{d}y}{\mathrm{d}x} = xy\frac{\mathrm{d}y}{\mathrm{d}x}$.

解 题设方程变形为

$$\frac{\mathrm{d}y}{\mathrm{d}x} = \frac{y^2}{xy - x^2} = \frac{\left(\frac{y}{x}\right)^2}{\frac{y}{x} - 1}$$

令 $u = \frac{y}{x}$，则

$$y = ux, \quad \frac{\mathrm{d}y}{\mathrm{d}x} = u + x\frac{\mathrm{d}u}{\mathrm{d}x}$$

故题设方程变为

$$u + x\frac{\mathrm{d}u}{\mathrm{d}x} = \frac{u^2}{u-1}, \quad 即 \quad x\frac{\mathrm{d}u}{\mathrm{d}x} = \frac{u}{u-1}$$

分离变量得

$$\left(1 - \frac{1}{u}\right)\mathrm{d}u = \frac{\mathrm{d}x}{x}$$

两边积分得

$$u - \ln|u| + C = \ln|x| \quad 或 \quad \ln|xu| = u + C$$

回代 $u = \frac{y}{x}$，便得题设方程的通解为

$$\ln|y| = \frac{y}{x} + C$$

7.3.4 可化为齐次方程的微分方程的求解

例 10 求 $\dfrac{dy}{dx}=\dfrac{x-y+1}{x+y-3}$ 的通解.

解 直线 $x-y+1=0$ 和直线 $x+y-3=0$ 的交点是 $(1,2)$, 作变换

$$x=X+1,\quad y=Y+2$$

代入题设方程, 得

$$\frac{dY}{dX}=\frac{X-Y}{X+Y}=\left(1-\frac{Y}{X}\right)\bigg/\left(1+\frac{Y}{X}\right)$$

令 $u=\dfrac{Y}{X}$, 则

$$Y=uX,\quad \frac{dY}{dX}=u+X\frac{du}{dX}$$

代入上式, 得

$$u+X\frac{du}{dX}=\frac{1-u}{1+u}$$

分离变量, 得

$$\frac{1+u}{1-2u-u^2}du=\ln|X|+\ln C_1$$

两边积分, 得

$$-\frac{1}{2}\ln|1-2u-u^2|=\ln|X|+\ln C_1$$

回代 $u=\dfrac{Y}{X}$ 得

$$X^2-2XY-Y^2=C$$

再将 $X=x-1$, $Y=y-2$ 回代, 并整理得所求题设方程的通解为

$$x^2-2xy-y^2+2x+6y=C$$

7.3.5 一阶线性微分方程的求解

例 11 求方程 $y'+\dfrac{1}{x}y=\dfrac{\sin x}{x}$ 的通解.

解 $P(x)=\dfrac{1}{x}$, $Q(x)=\dfrac{\sin x}{x}$, 代入一阶非齐次线性微分方程通解公式

$$y=e^{-\int\frac{1}{x}dx}\left(\int\frac{\sin x}{x}\cdot e^{\int\frac{1}{x}dx}dx+C\right)=e^{-\ln x}\left(\int\frac{\sin x}{x}\cdot e^{\ln x}dx+C\right)=\frac{1}{x}(-\cos x+C)$$

得方程的通解为 $y=\dfrac{1}{x}(-\cos x+C)$.

例 12　求方程 $\frac{\mathrm{d}y}{\mathrm{d}x}-\frac{2y}{x+1}=(x+1)^{5/2}$ 的通解.

解　可先求对应齐次线性微分方程的通解, 再用常数变异法求该非齐次线性微分方程的通解. $\frac{\mathrm{d}y}{\mathrm{d}x}-\frac{2}{x+1}y=0$ 可变为

$$\frac{\mathrm{d}y}{y}=\frac{2\mathrm{d}x}{x+1}$$

两边积分得

$$\ln y=2\ln(x+1)+\ln C$$

齐次线性微分方程的通解 $y=C(x+1)^2$, 再用常数变易法, 把 C 换成 u, 即令 $y=u(x+1)^2$, 对其两边求导, 则有

$$\frac{\mathrm{d}y}{\mathrm{d}x}=u'(x+1)^2+2u(x+1)$$

将上式和 y 代入题设非齐次线性微分方程得

$$u'=(x+1)^{1/2}$$

两端积分得

$$u=\frac{2}{3}(x+1)^{3/2}+C$$

回代即得题设方程的通解为

$$y=(x+1)^2\left[\frac{2}{3}(x+1)^{3/2}+C\right]$$

例 13　求下列微分方程满足所给初始条件的特解.

$$x\ln x\mathrm{d}y+(y-\ln x)\mathrm{d}x=0,\quad y\big|_{x=\mathrm{e}}=1$$

解　将方程标准化为 $y'+\frac{1}{x\ln x}y=\frac{1}{x}$, 于是

$$y=\mathrm{e}^{-\int\frac{\mathrm{d}x}{x\ln x}}\left(\int\frac{1}{x}\mathrm{e}^{\int\frac{\mathrm{d}x}{x\ln x}}\mathrm{d}x+C\right)=\mathrm{e}^{-\ln\ln x}\left(\int\frac{1}{x}\mathrm{e}^{\ln\ln x}\mathrm{d}x+C\right)$$

得题设方程通解为

$$y=\frac{1}{\ln x}\left(\frac{1}{2}\ln^2 x+C\right)$$

由初始条件 $y\big|_{x=\mathrm{e}}=1$, 得 $C=\frac{1}{2}$, 故题设微分方程的特解为

$$y=\frac{1}{2}\left(\ln x+\frac{1}{\ln x}\right)$$

例 14　求方程 $y^3\mathrm{d}x+(2xy^2-1)\mathrm{d}y=0$ 的通解.

解　当将 y 看作 x 的函数时, 题设方程变为

$$\frac{\mathrm{d}y}{\mathrm{d}x}=\frac{y^3}{1-2xy^2}$$

这个方程不是一阶线性微分方程, 不便求解. 若将 x 看作 y 的函数, 则题设方程改写为

$$y^3\frac{\mathrm{d}x}{\mathrm{d}y}+2y^2x=1$$

则题设方程为一阶线性微分方程, 于是对应齐次方程为

$$y^3\frac{\mathrm{d}x}{\mathrm{d}y}+2y^2x=0$$

对其分离变量, 并积分得

$$\int\frac{\mathrm{d}x}{x}=-\int\frac{2\mathrm{d}y}{y}, \quad 即 \quad x=C_1\frac{1}{y^2}$$

其中, C_1 为任意常数. 利用常数变易法, 设题设方程的通解为 $x=u(y)\frac{1}{y^2}$, 代入题设方程, 得

$$u'(y)=\frac{1}{y}$$

积分得

$$u(y)=\ln|y|+C$$

故题设方程的通解为

$$x=\frac{1}{y^2}(\ln|y|+C)$$

其中, C 为任意常数.

7.3.6 通过变量代换将一阶微分方程化为可求解的微分方程

例 15 求 $\frac{\mathrm{d}y}{\mathrm{d}x}-\frac{4}{x}y=x^2\sqrt{y}$ 的通解.

解 题设方程两端除以 $\sqrt{y}$, 得

$$\frac{1}{\sqrt{y}}\frac{\mathrm{d}y}{\mathrm{d}x}-\frac{4}{x}\sqrt{y}=x^2$$

令 $z=\sqrt{y}$, 得

$$2\frac{\mathrm{d}z}{\mathrm{d}x}-\frac{4}{x}z=x^2$$

解得

$$z=x^2\left(\frac{x}{2}+C\right)$$

故题设方程通解为 $y=x^4\left(\frac{x}{2}+C\right)^2$.

例 16　利用变量代换法求方程 $\frac{dy}{dx}=(x+y)^2$ 的通解.

解　令 $x+y=u$, 则

$$\frac{dy}{dx}=\frac{du}{dx}-1$$

代入题设方程得

$$\frac{du}{dx}=1+u^2$$

分离变量得

$$\frac{du}{1+u^2}=dx$$

两边积分得

$$\arctan u=x+C$$

回代得

$$\arctan(x+y)=x+C$$

故题设方程的通解为

$$y=\tan(x+C)-x$$

7.3.7　可降阶的二阶微分方程

1. $y''=f(x)$ 型

例 17　求方程 $y''=e^{2x}-\cos x$ 满足 $y(0)=0, y'(0)=1$ 的特解.

解　对题设方程接连积分两次, 得

$$y'=\frac{1}{2}e^{2x}-\sin x+C_1 \tag{9}$$

$$y=\frac{1}{4}e^{2x}+\cos x+C_1x+C_2 \tag{10}$$

在式(9)中代入条件 $y'(0)=1$, 得 $C_1=\frac{1}{2}$, 在式(10)中代入条件 $y(0)=0$, 得 $C_2=-\frac{5}{4}$, 从而所求题设方程的特解为

$$y=\frac{1}{4}e^{2x}+\cos x+\frac{1}{2}x-\frac{5}{4}$$

2. $y''=f(x,y')$ 型

例 18　求微分方程

$$(1+x^2)y''=2xy',\quad y|_{x=0}=1,\quad y'|_{x=0}=3$$

的特解.

解　题设方程属 $y''=f(x,y')$ 型. 令 $\dfrac{dy}{dx}=p(x)$，则

$$\frac{d^2y}{dx^2}=\frac{dp}{dx}$$

代入方程并分离变量后, 有

$$\frac{dp}{p}=\frac{2x}{1+x^2}dx$$

对方程两端积分, 得

$$\ln|p|=\ln(1+x^2)+C$$

即

$$p=y'=C_1(1+x^2),\ C_1=\pm e^c$$

由条件 $y'|_{x=0}=3$，得 $C_1=3$，所以

$$y'=3(1+x^2)$$

对该方程两端再积分, 得

$$y=x^3+3x+C_2$$

又由条件 $y|_{x=0}=1$，得

$$C_2=1$$

于是题设方程的特解为

$$y=x^3+3x+1$$

3. $y''=f(y,y')$ 型

例 19　求微分方程 $yy''=2(y'^2-y')$ 满足初始条件 $y(0)=1,\ y'(0)=2$ 的特解.

解　令 $y'=p$，由 $y''=p\dfrac{dp}{dy}$，代入方程并化简得

$$y\frac{dp}{dy}=2(p-1)$$

上式为可分离变量的一阶微分方程, 解得

$$p=y'=Cy^2+1$$

再分离变量, 得

$$\frac{dy}{Cy^2+1}=dx$$

由初始条件 $y(0)=1$，$y'(0)=2$ 得出 $C=1$，从而得

$$\frac{dy}{1+y^2}=dx$$

再两边积分得

$$\arctan y = x + C_1 \quad 或 \quad y = \tan(x + C_1)$$

由 $y(0) = 1$ 得出

$$C_1 = \arctan 1 = \frac{\pi}{4}$$

从而题设方程特解为

$$y = \tan\left(x + \frac{\pi}{4}\right)$$

7.3.8　二阶线性微分方程的解的结构

例 20　已知 $y_1 = xe^x + e^{2x}, y_2 = xe^x - e^{-x}, y_3 = xe^x + e^{2x} - e^{-x}$ 是某二阶非齐次线性微分方程的三个特解:

(1) 求此方程的通解;

(2) 写出此微分方程;

(3) 求此微分方程满足 $y(0) = 7, y'(0) = 6$ 的特解.

解　(1) 由题设知，$e^{2x} = y_3 - y_2$，$e^{-x} = y_1 - y_3$ 是相应齐次线方程的两个线性无关的解，且 $y_1 = xe^x + e^{2x}$ 是非齐次线性方程的一个特解，故题设方程的通解为

$$y = xe^x + e^{2x} + C_0 e^{2x} + C_2 e^{-x} = xe^x + C_1 e^{2x} + C_2 e^{-x}$$

其中，$C_1 = 1 + C_0$.

(2) 因为

$$y = xe^x + C_1 e^{2x} + C_2 e^{-x} \tag{11}$$

所以

$$y' = e^x + xe^x + 2C_1 e^{2x} - C_2 e^{-x} \tag{12}$$

$$y'' = 2e^x + xe^x + 4C_1 e^{2x} + C_2 e^{-x}$$

从这两个式子中消去 C_1, C_2，即题设方程为

$$y'' - y' - 2y = e^x - 2xe^x$$

(3) 在式(11)、式(12)代入初始条件 $y(0) = 7$，$y'(0) = 6$，得

$$C_1 + C_2 = 7,\ 2C_1 - C_2 + 1 = 6 \Rightarrow C_1 = 4，\ C_2 = 3$$

从而题设方程特解为

$$y = 4e^{2x} + 3e^{-x} + xe^x$$

7.3.9 二阶常系数齐次线性微分方程的求解

1. 二阶常系数齐次线性微分方程及其解法

例 21 求方程 $y''-2y'-3y=0$ 的通解.

解 题设微分方程的特征方程为

$$r^2-2r-3=0$$

其根 $r_1=-1$, $r_2=3$ 是两个不相等的实根, 因此所求通解为

$$y=C_1\mathrm{e}^{-x}+C_2\mathrm{e}^{3x}$$

例 22 求方程 $y''+4y'+4y=0$ 的通解.

解 题设微分方程的特征方程为

$$r^2+4r+4=0$$

解得 $r_1=r_2=-2$, 故所求通解为

$$y=(C_1+C_2x)\mathrm{e}^{-2x}$$

例 23 求方程 $y''+2y'+5y=0$ 的通解.

解 题设微分方程的特征方程为

$$r^2+2r+5=0$$

解得 $r_{1,2}=-1\pm 2\mathrm{i}$, 故所求通解为

$$y=\mathrm{e}^{-x}\left[C_1\cos(2x)+C_2\sin(2x)\right]$$

2. n 阶常系数齐次线性微分方程的解法

例 24 求下列微分方程的通解.

(1) $y^{(5)}+2y^{(3)}+y'=0$;

(2) $y^{(6)}-2y^{(4)}-y''+2y=0$.

解 (1) 题设微分方程的特征方程为

$$r^5+2r^3+r=0, \quad 即 \quad r(r^2+1)^2=0$$

特征根 $r_1=0$, $r_2=r_3=\mathrm{i}$, $r_4=r_5=-\mathrm{i}$, 通解为

$$y=C_1+(C_2+C_3x)\cos x+(C_4+C_5x)\sin x$$

(2) 题设微分方程的特征方程为

$$r^6-2r^4-r^2+2=0, \quad 即 \quad (r^2-2)(r^4-1)=0$$

特征根 $r_1=\sqrt{2}$, $r_2=-\sqrt{2}$, $r_3=1$, $r_4=-1$, $r_5=\mathrm{i}$, $r_6=-\mathrm{i}$, 通解为

$$y=C_1\mathrm{e}^{\sqrt{2}x}+C_2\mathrm{e}^{-\sqrt{2}x}+C_3\mathrm{e}^{x}+C_4\mathrm{e}^{-x}+C_5\cos x+C_6\sin x$$

例 25 已知一个四阶常系数齐次线性微分方程的四个线性无关的特解为

$$y_1=\mathrm{e}^x,\ y_2=x\mathrm{e}^x,\ y_3=\cos(2x),\ y_4=3\sin(2x)$$

求这个四阶微分方程及其通解.

解　由 y_1 与 y_2 可知, 它们对应的特征根为二重根 $r_1=r_2=1$, 由 y_3 与 y_4 可知, 它们对应的特征根为一对共轭复根 $r_{3,4}=\pm 2\mathrm{i}$.

所以其对应的特征方程为

$$(r-1)^2(r^2+4)=0,\quad 即\quad r^4-2r^3+5r^2-8r+4=0$$

它所对应的微分方程为

$$y^{(4)}-2y'''+5y''-8y'+4y=0$$

其通解为

$$y=(C_1+C_2x)\mathrm{e}^x+C_3\cos(2x)+C_4\sin(2x)$$

7.3.10　二阶常系数非齐次线性微分方程的求解

1. $f(x)=P_m(x)\mathrm{e}^{\lambda x}$ 型

例 26　下列方程具有什么形式的特解?

(1) $y''+5y'+6y=\mathrm{e}^{3x}$;　　(2) $y''+5y'+6y=3x\mathrm{e}^{-2x}$;

(3) $y''+2y'+y=-(3x^2+1)\mathrm{e}^{-x}$.

解　(1) 因 $m=0$, $\lambda=3$ 不是特征方程 $r^2+5r+6=0$ 的根, 故方程具有特解形式:

$$y^*=b_0\mathrm{e}^{3x}$$

(2) 因 $m=1$, $\lambda=-2$ 是特征方程 $r^2+5r+6=0$ 的单根, 故方程具有特解形式:

$$y^*=x(b_0x+b_1)\mathrm{e}^{-2x}$$

(3) 因 $m=2$, $\lambda=-1$ 是特征方程 $r^2+2r+1=0$ 的二重根, 故方程具有特解形式:

$$y^*=x^2(b_0x^2+b_1x+b_2)\mathrm{e}^{-x}$$

例 27　求方程 $y''-3y'+2y=x\mathrm{e}^{2x}$ 的通解.

解　题设方程中 $P_m(x)=x$, $\lambda=2$. 对应的齐次方程的特征方程为

$$r^2-3r+2=0$$

特征根为 $r_1=1,\ r_2=2$, 于是, 该齐次方程的通解为

$$Y=C_1x+C_2\mathrm{e}^{2x}$$

因 $\lambda=2$ 是特征方程的单根, 故可设题设方程的特解

$$y^*=x(b_0x+b_1)\mathrm{e}^{2x}$$

代入题设方程, 得

$$2b_0x+b_1+2b_0=x$$

比较等式两端同次幂的系数, 得

$$b_0=\frac{1}{2},\quad b_1=-1$$

于是，求得题设方程的一个特解

$$y^*=x\left(\frac{1}{2}x-1\right)e^{2x}$$

从而，所求题设方程的通解为

$$y=C_1e^x+C_2e^{2x}+x\left(\frac{1}{2}x-1\right)e^{2x}$$

例 28 求方程 $y''-2y'+y=(6x^2-4)e^x+x+1$ 的特解.

解 其对应齐次方程的特征方程为 $r^2-2r+1=0$，解得特征根为 $r_1=r_2=1$．题设方程的特解是下列两个方程的特解的和.

$$y''-2y'+y=(6x^2-4)e^x \tag{13}$$

$$y''-2y'+y=x+1 \tag{14}$$

因为特征方程有重根 $r=1$，所以设方程式(13)的特解

$$y_1^*=(b_0x^2+b_1x+b_2)x^2e^x$$

将其代入方程式(13)并消去 e^x，整理后得

$$12b_0x^2+6b_1x+2b_2=6x^2-4$$

即

$$b_0=\frac{1}{2},\quad b_1=0,\quad b_2=-2$$

于是得题设方程特解

$$y_1^*=\left(\frac{1}{2}x^2-2\right)x^2e^x$$

又因为特征方程有重根 $r=1$，所以设方程式(14)的特解为

$$y_2^*=Ax+B$$

求导后代入方程，解出 $A=1$，$B=3$，得特解

$$y_2^*=x+3$$

所以题设方程的特解为

$$y^*=y_1^*+y_2^*=\left(\frac{1}{2}x^2-2\right)x^2e^x+x+3$$

例 29 求方程 $y''+y=x\cos(2x)$ 的通解.

解 其对应齐次方程的特征方程的特征根为 $r_{1,2}=\pm i$，故对应齐次方程的通解

$$Y=C_1\cos x+C_2\sin x$$

作辅助方程 $y''+y=xe^{2ix}$.

因 $\lambda = 2\mathrm{i}$ 不是特征方程的根，故设

$$y^* = (Ax + B)\cos(2x) + (Cx + D)\sin(2x)$$

代入题设方程得

$$A = -\frac{1}{3},\quad B = 0,\quad C = 0,\quad D = \frac{4}{9}$$

所以

$$y^* = -\frac{1}{3}x\cos(2x) + \frac{4}{9}\sin(2x)$$

题设非齐次微分方程的通解为

$$y = C_1\cos x + C_2\sin x - \frac{1}{3}x\cos(2x) + \frac{4}{9}\sin(2x)$$

7.3.11 一阶线性差分方程的求解

例 30 求差分方程 $y_{t+1} - 3y_t = 0$ 的通解.

解 由通解公式得题设方程的通解为

$$y_t = A3^t$$

例 31 求差分方程 $y_{t+1} - 3y_t = -2$ 的通解.

解 因为 $P = 3$，$C = -2$，所以题设方程的通解为

$$y_t = A3^t + 1$$

例 32 求差分方程 $y_{t+1} - \frac{1}{2}y_t = 3\left(\frac{3}{2}\right)^t$ 在初始条件 $y_0 = 5$ 时的特解.

解 由 $P = \frac{1}{2}, C = 3, b = \frac{3}{2}$，得题设方程的通解为

$$y_t = 3\left(\frac{3}{2}\right)^t + A\left(\frac{1}{2}\right)$$

将 $y_0 = 5$ 代入上式，得 $A = 2$. 故所求题设方程的特解为

$$y_t = 3\left(\frac{3}{2}\right)^t + 2\left(\frac{1}{2}\right)$$

例 33 求差分方程 $y_{t+1} - 4y_t = 3t^2$ 的通解.

解 设 $y_t^* = B_0 + B_1 t + B_2 t^2$ 为题设方程的解，将 y_t^* 代入题设方程，有

$$(-3B_0 + B_1 + B_2) + (-3B_1 + 2B_2)t - 3B_2 t^2 = 3t^2$$

比较同次幂系数得

$$B_0 = -\frac{5}{9},\quad B_1 = -\frac{2}{3},\quad B_2 = -1$$

从而

$$y_t^* = -\left(\frac{5}{9} + \frac{2}{3}t + t^2\right)$$

题设方程的通解为

$$y_t = -\left(\frac{5}{9} + \frac{2}{3}t + t^2\right) + A4^t$$

7.4　A 组练习题

7.4.1　微分方程的基本概念

1. 下列等式中哪些是微分方程？若是微分方程，确定它的阶.

(1) $y''' - 3y' + 2y = x$；　　(2) $(y')^2 - 2y + 2 = 0$；

(3) $y' = 3x$；　　(4) $y = 2x + 8$；

(5) $\mathrm{d}y = (2x+6)\mathrm{d}x$；　　(6) $\dfrac{\mathrm{d}^2 y}{\mathrm{d}x^2} = \sin x + \cos x$.

2. 试确定下列微分方程的阶.

(1) $\dfrac{\mathrm{d}y}{\mathrm{d}x} + \dfrac{\sqrt{x}}{y} = 0$；　　(2) $y'' - 2y' + 2y = 0$；

(3) $\left(\dfrac{\mathrm{d}^3 y}{\mathrm{d}x^3}\right)^2 - 2y^4 + 2 = 0$；　　(4) $y - x^4 y' + 2 = a(y + y''')^2$.

3. 试求以下列函数为通解的微分方程.

(1) $y = Ca^{\arcsin x}$；　　(2) $y^3 = C_1 x + C_2$.

4. 验证下列各函数是否是所给微分方程的解，如果是，指出是通解还是特解.

(1) $y = C_1\cos x + C_2\sin x,\quad y'' + \lambda y = 0$；

(2) $y = C_1\cos x + C_2\sin x + x,\quad y'' + y = x$.

5. 验证函数 $y = (x^2 + C)\sin x$ (C 为任意常数)是方程

$$\frac{\mathrm{d}y}{\mathrm{d}x} - y\cot x - 2x\sin x = 0$$

的通解，并求满足初始条件 $y\Big|_{x=\frac{\pi}{2}} = 0$ 的特解.

6. 设某商品在时刻 t 的售价为 P，社会对该商品的需求量和供给量分别是 P 的函数 $D(P)$ 和 $S(P)$，商品在时刻 t 的价格 $P(t)$ 对于时间 t 的变化率与该商品在同时刻的超额需求量 $D(P) - S(P)$ 成正比，试建立价格与时间满足的微分方程.

7. 一个半球体形状的雪堆，其体积融化率与半球面面积 A 成正比，比例系数 $k>0$. 假设在融化过程中雪堆始终保持半球体形状，已知半径为 r_0 的雪堆在开始融化的 3 h 内，融

化了其体积的 $\frac{7}{8}$，问雪堆全部融化需要多少时间?

8. 设一质量为 m 的物体只受重力的作用由静止开始自由垂直降落，试建立物体下落的距离与时间满足的微分方程.

9. 写出由下列条件确定的曲线所满足的微分方程:

(1) 曲线在点 (x,y) 处的切线的斜率等于该点横坐标的平方;

(2) 曲线上点 $P(x,y)$ 处的法线与 x 轴的交点为 Q，且线段 PQ 被 y 轴平分.

7.4.2　一阶微分方程

1. 方程 $(xy^2+x)\mathrm{d}x+(y-x^2y)\mathrm{d}y=0$ 的通解为__________.

2. 方程 $y'=1+x+y^2+xy^2$ 的通解为__________.

3. 方程 $(1+x)\mathrm{d}y+(1-2\mathrm{e}^{-y})\mathrm{d}x=0$ 的通解为__________.

4. 方程 $xy'-x\sin\frac{y}{x}-y=0$ 的通解为__________.

5. 方程 $xy'+2y=\sin x$ 满足初始条件 $y\big|_{x=\pi}=\frac{1}{\pi}$ 的特解为__________.

6. 设 $y=\frac{x}{\ln x}$ 是微分方程 $y'=\frac{y}{x}+\varphi\left(\frac{x}{y}\right)$ 的解，则 $\varphi\left(\frac{x}{y}\right)$ 的表达式为(　　).

A. $-\frac{y^2}{x^2}$　　B. $\frac{y^2}{x^2}$

C. $-\frac{x^2}{y^2}$　　D. $\frac{x^2}{y^2}$

7. 设 $f(x)$ 连续，且 $\int_0^1 f(tx)\mathrm{d}t=\frac{1}{2}f(x)+1$，则 $f(x)$ 等于(　　).

A. $1+Cx\mathrm{e}^{x^2}$　　B. $2+Cx\sin x$

C. $2+Cx$　　D. $2+x$

8. 设非齐次线性微分方程 $y'+P(x)y=Q(x)$ 有两个不同的解 $y_1(x),y_2(x)$，C 为任意常数，则该方程的通解是(　　).

A. $C[y_1(x)-y_2(x)]$　　B. $y_1(x)+C[y_1(x)-y_2(x)]$

C. $C[y_1(x)+y_2(x)]$　　D. $y_1(x)+C[y_1(x)+y_2(x)]$

9. 设 y_1,y_2 是一阶非齐次线性微分方程 $y'+P(x)y=Q(x)$ 的两个特解，若常数 λ,μ 使 $\lambda y_1+\mu y_2$ 是该方程的解，$\lambda y_1-\mu y_2$ 是对应齐次方程的解，则(　　).

A. $\lambda=\frac{1}{2},\mu=\frac{1}{2}$　　B. $\lambda=-\frac{1}{2},\mu=-\frac{1}{2}$

C. $\lambda=\frac{2}{3},\mu=\frac{1}{3}$　　D. $\lambda=\frac{2}{3},\mu=\frac{2}{3}$

10. 设有微分方程 $y'-2y=\varphi(x)$，其中 $\varphi(x)=\begin{cases}2, & x<1\\0, & x>1\end{cases}$，试求在 $(-\infty,+\infty)$ 内的连

续函数 $y=y(x)$，使之在 $(-\infty,1)$ 和 $(1,+\infty)$ 内满足所给方程，且满足条件 $y=y(0)$.

11. 设 $F(x)=f(x)g(x)$，其中 $f(x)g(x)$ 在 $(-\infty,+\infty)$ 内满足以下条件:

$$f'(x)=g(x),g'(x)=f(x) \quad 且 \quad f(0)=0,f(x)+g(x)=2e^x$$

(1) 求 $F(x)$ 所满足的一阶微分方程;

(2) 求 $F(x)$ 的表达式.

7.4.3 可降阶的二阶微分方程

1. 求下列微分方程的通解.

(1) $xy''-y'\ln y'+y'\ln x=0$;

(2) $xy''+y'=\ln x$;

(3) $yy''-y'^2=y^2\ln y$;

(4) $\dfrac{y''}{y'}=\dfrac{2yy'}{1+y^2}$;

(5) $y''=1+y'^2$;

(6) $xy^{(4)}-y^{(3)}=0$.

2. 求解下列方程满足初始条件的特解.

(1) $y''=\dfrac{1}{a}\sqrt{1+y'^2},y|_{x=0}=a,y'|_{x=0}=0$;

(2) $2yy''=y'^2+y^2,y|_{x=0}=1,y'|_{x=0}=-1$;

(3) $y'''=\dfrac{\ln x}{x^2},y'|_{x=1}=1,y''|_{x=1}=2,y|_{x=1}=0$;

(4) $y''=3\sqrt{y},y|_{x=0}=1,y'|_{x=0}=2$;

(5) $(1+x^2)y''=2xy',\quad y|_{x=0}=1,\ y'|_{x=0}=3$.

3. 求微分方程 $xy''+2y'=1$ 满足 $y(1)=2y'(1)$，且当 $x\to 0$ 时，y 有界的特解.

4. 求微分方程 $yy''=2(y'^2-y')$ 满足初始条件 $y(0)=1,\quad y'(0)=2$ 的特解.

5. 试建立 $y''=x$ 经过点 $M(0,1)$ 且在此点与直线 $y=\dfrac{x}{2}+1$ 相切的积分曲线.

6. 设有一质量为 m 的物体在空中由静止开始下落，空气阻力 $R=cv$ (其中，c 为常数，v 为物体运动的速度)，试求物体下落的距离 s 与时间 t 满足的函数关系.

7. 质量为 m 的质点受力 F 的作用沿 x 轴做直线运动. 设力 $F=F(t)$ 在开始时刻 $t=0$ 时 $F(0)=F_0$，随着时间 t 的增大，力 F 均匀的减小，直到 $t=T$ 时，$F(T)=0$. 开始时质点位于原点，且初速度为零，求该质点的运动规律.

8. 设有一均匀、柔软的绳索，两端固定，绳索仅受重力的作用下垂，试求该绳索在平衡状态时的曲线方程.

9. 一个离地面很高的物体，受地球引力的作用由静止开始落向地面，求物体落到地面时的速度和所需的时间(不计空气阻力).

7.4.4　二阶线性微分方程的性质与解的结构

1. 已知 $y=1, y=x, y=x^2$ 是某二阶非齐次线性微分方程的三个解，则该方程的通解为__________.

2. 已知 $y_1=x, y_2=x^2, y=\mathrm{e}^x$ 为非齐次线性微分方程 $y''+p(x)y'+q(x)y=f(x)$ 的三个特解，则该方程的通解是(　　).

A. $y=C_1x+C_2x^2+\mathrm{e}^x$　　B. $y=C_1x^2+C_2\mathrm{e}^x+x$

C. $y=C_1(x-x^2)+C_2(x-\mathrm{e}^x)+x$　　D. $y=C_1(x-x^2)+C_2(x^2-\mathrm{e}^x)$

3. 若 $y=x\mathrm{e}^x+x$ 是微分方程 $y''-2y'+ay=bx+c$ 的解，则(　　).

A. $a=1, b=1, c=1$　　B. $a=1, b=1, c=-2$

C. $a=-3, b=-3, c=0$　　D. $a=-3, b=1, c=1$

4. 验证 $y_1=\mathrm{e}^x$ 是微分方程 $xy''-(2x-1)y'+(x-1)y=0$ 的一个解，并求其通解.

5. 设对任意 $x>0$，曲线 $y=f(x)$ 上点 (x,y) 处的切线与 y 轴截距等于 $\frac{1}{x}\int_0^x f(t)\mathrm{d}t$，已知该曲线上点(1, 1)处切线与直线 $y=x-2$ 平行，求 $f(x)$ 的表达式.

6. 验证:

(1) $y=C_1\mathrm{e}^x+C_2\mathrm{e}^{2x}+\frac{1}{12}\mathrm{e}^{2x}$ (C_1,C_2 是任意常数)是方程 $y''-3y'+2y=\mathrm{e}^{5x}$ 的通解;

(2) $y=C_1\cos(3x)+C_2\sin(3x)+\frac{1}{32}(4x\cos x+\sin x)$ (C_1,C_2 是任意常数)是方程 $y''+9y=x\cos x$ 的通解;

(3) $y=C_1x^2+C_2x^2\ln x$ (C_1,C_2 是任意常数)是方程 $x^2y''-3xy'+4y=0$ 的通解;

(4) $y=C_1x^5+\frac{C_2}{x}-\frac{x^2}{9}\ln x$ (C_1, C_2 是任意常数)是方程 $x^2y''-3xy'-5y=x^2\ln x$ 的通解;

(5) $y=\frac{1}{x}(C_1\mathrm{e}^x+C_2\mathrm{e}^{-x})+\frac{\mathrm{e}^x}{2}$ (C_1,C_2 是任意常数)是方程 $xy''+2y'-xy=\mathrm{e}^x$ 的通解;

(6) $y=C_1\mathrm{e}^x+C_2\mathrm{e}^{-x}+C_3\cos x+C_4\sin x-x^2$ (C_1,C_2,C_3,C_4 是任意常数)是方程 $y^{(4)}-y=x^2$ 的通解.

7. 已知 $y_1(x)=\mathrm{e}^x$ 是齐次线性方程

$$(2x-1)y''-(2x+1)y'+2y=0$$

的一个解，求此方程的通解.

7.4.5　二阶常系数线性微分方程

1. 设 $y=\mathrm{e}^x(C_1\sin x+C_2\cos x)$ 为某二阶常系数齐次线性微分方程的通解，其中 C_1,C_2 为任意常数，则该方程为__________.

2. 方程 $y''+\dfrac{2}{1-y}y'=0$ 的通解为__________.

3. 方程 $y''+2y'+5y=0$ 的通解为__________.

4. 方程 $y'''-y'=0$ 满足条件 $y|_{x=0}=3, y'|_{x=0}=-1, y''|_{x=0}=1$ 的特解为__________.

5. 若二阶常系数齐次线性微分方程 $y''+ay'+by=0$ 的通解为 $y=(C_1+C_2x)\mathrm{e}^x$，则二阶常系数非齐次线性方程 $y''+ay'+by=x$ 满足条件的解为__________.

6. 在下列方程中，以 $y=C_1\mathrm{e}^x+C_2\cos(2x)+C_3\sin(2x)$ (C_1,C_2,C_3 为任意常数)为通解的方程是(　　).

A. $y'''+y''-4y'-4y=0$　　B. $y'''+y''+4y'+4y=0$

C. $y'''-y''-4y'+4y=0$　　D. $y'''-y''+4y'-4y=0$

7. 具有特解 $y=\mathrm{e}^{-x}, y=2x\mathrm{e}^{-x}, y=3\mathrm{e}^x$ 的三阶常系数齐次线性微分方程是(　　).

A. $y'''-y''-y'+y=0$　　B. $y'''+y''-y'-y=0$

B. $y'''-6y''+11y'-6y=0$　　D. $y'''-2y''-y'+2y=0$

8. 方程 $y''-2y'=x\mathrm{e}^{2x}$ 的特解形式为(　　).

A. $y=ax\mathrm{e}^{2x}$　　B. $y=(ax+b)\mathrm{e}^{2x}$

C. $y=x(ax+b)\mathrm{e}^{2x}$　　D. $y=x^2(ax+b)\mathrm{e}^{2x}$

9. 方程 $y''-3y'+2y=\mathrm{e}^x+1+\mathrm{e}^x\cos(2x)$ 的特解形式为(　　).

A. $y=ax\mathrm{e}^x+b+A\mathrm{e}^x\cos(2x)$

B. $y=a\mathrm{e}^x+b+\mathrm{e}^x[A\cos(2x)+B\sin(2x)]$

C. $y=ax\mathrm{e}^x+b+x\mathrm{e}^x[A\cos(2x)+B\sin(2x)]$

D. $y=ax\mathrm{e}^x+b+\mathrm{e}^x[A\cos(2x)+B\sin(2x)]$

10. 方程 $y'''+2y''=x^2+x\mathrm{e}^{-2x}$ 的特解形式为(　　).

A. $y=ax^2+bx+c+x(\mathrm{d}x+\mathrm{e})\mathrm{e}^{2x}$　　B. $y=x^2(ax^2+bx+c)+x^2\mathrm{e}^{-2x}$

C. $y=(ax^2+bx+c)+(\mathrm{d}x+\mathrm{e})\mathrm{e}^{-2x}$　　D. $y=x^2(ax^2+bx+c)+x(\mathrm{d}x+\mathrm{e})\mathrm{e}^{-2x}$

11. 验证 $y_1=\mathrm{e}^x$ 是微分方程 $xy''-(2x-1)y'+(x-1)y=0$ 的一个解，并求其通解.

12. 设对任意 $x>0$，曲线 $y=f(x)$ 上点 (x,y) 处的切线与 y 轴截距等于 $\dfrac{1}{x}\int_0^x f(t)\mathrm{d}t$，已知该曲线上点(1, 1)处切线与直线 $y=x-2$ 平行，求 $f(x)$ 的表达式.

13. 设函数 $f(x),g(x)$ 满足 $f'(x)=g(x), g'(x)=2\mathrm{e}^x-f(x)$，且 $f(0)=1, g(0)=2$，求

$$\int_0^{\pi}\left[\frac{g(x)}{1+x}-\frac{f(x)}{(1+x)^2}\right]\mathrm{d}x$$

14. 设 $f(x)$ 为一元连续函数，且满足方程 $f(x)=\sin x-\int_0^x(x-t)f(t)\mathrm{d}t$，求 $f(x)$.

15. 设函数 $f(t)$ 在 $[0,+\infty]$ 上连续，且满足方程 $f(t)=\mathrm{e}^{4\pi t^2}+\iint\limits_{x^2+y^2\leqslant 4t^2}f\left(\frac{1}{2}\sqrt{x^2+y^2}\right)\mathrm{d}x\mathrm{d}y$，

求 $f(t)$.

16. 求 $y''-3y'+2y=2e^x$ 满足 $\lim\limits_{x\to 0}\dfrac{y(x)}{x}=1$ 的特解.

17. 设 $y=y(x)$ 是二阶常系数微分方程 $y''+py'+qy=e^{3x}$ 满足初始条件 $y(0)=y'(0)=0$ 的特解, 求 $\lim\limits_{x\to 0}\dfrac{\ln(1+x^2)}{y(x)}$.

18. 设曲线 $y=y(x)$ 满足 $x\mathrm{d}y+(x-2y)\mathrm{d}x=0$, 且 $y=y(x)$ 与直线 $x=1$ 及 x 轴所围成的平面图形绕 x 轴旋转的旋转体体积最小, 求 $y(x)$.

7.4.6　微分方程的应用举例

1. 一条曲线通过(2, 3), 且其上任意点处的切线夹在两坐标轴之间的线段均被切点平分, 求此曲线的方程.

2. 镭、铀等放射性元素因不断放射出各种射线而逐渐减少其质量, 这种现象称为放射性物质的衰变. 根据实验得知, 衰变速度与现存物质的质量成正比, 求放射性元素在时刻 t 的质量.

3. 设某种新产品要推向市场, t 时刻的销量为 $x(t)$. 因为产品性能良好, 每个产品都是一个宣传品, 所以 t 时刻产品销售的增长率 $\dfrac{\mathrm{d}x}{\mathrm{d}t}$ 与 $x(t)$ 成正比. 同时, 考虑到产品销售存在一定的市场容量 N, 统计表明 $\dfrac{\mathrm{d}x}{\mathrm{d}t}$ 与尚未购买该产品的潜在顾客的数量 $N-x(t)$ 也成正比, 试讨论销量与市场容量的关系.

4. 设开始时甲、乙水平距离为 1 单位, 乙从 A 点沿垂直于 OA 的直线以等速 v_0 向正北行走; 甲从乙的左侧 O 点出发, 始终对准乙以 nv_0 $(n>1)$ 的速度追赶. 求追迹曲线方程, 并问乙行多远时, 被甲追到.

5. 有一盛满水的圆锥形漏斗, 高 10 cm, 顶角 60°, 漏斗下面有面积为 0.5 cm^2 的孔, 求水面高度变化的规律及水流完所需的时间.

6. 质量为 1 g 的质点受外力作用做直线运动, 该外力和时间成正比, 和质点运动的速度成反比, 在 t=10 s 时, 质点速度等于 50 cm/s, 外力为 4 g · $\mathrm{cm/s^2}$, 问从运动开始经过 1 min 后的质点速度是多少?

7. 有高为 1 cm 的半球形容器, 水从其底部小孔流出, 小孔横截面面积为 1 cm^2, 开始时容器内装满了水, 求水从小孔流出过程中容器里水面的高度 h(水面与孔口中心之间的距离)随时间 t 变化的规律, 并求水流完所需的时间.

8. 设一物体的温度为 100 ℃, 将其放置在空气温度为 20 ℃的环境中冷却. 试求物体温度随时间 t 的变化规律.

9. 在一次谋杀发生后, 尸体的温度按照牛顿冷却定律从原来的 37 ℃开始下降, 假设两个小时后尸体温度变为 35 ℃, 并且假定周围空气的温度保持 20 ℃不变, 试求出尸体温度 T 随时间 t 的变化规律. 如果尸体被发现时的温度是 30 ℃, 时间是下午 4 点整,那么谋杀是何时发生的?

10. 某公司 t 年净资产有 $W(t)$ (百万元), 并且资产本身以每年 5%的速度连续增长, 同时该公司每年要以 30 百万元的数额连续支付职工工资.

(1) 给出描述净资产 $W(t)$ 的微分方程;

(2) 求解方程, 这时假设初始净资产为 W_0;

(3) 讨论在 $W_0=500$ 百万元, 600 百万元, 700 百万元三种情况下, $W(t)$ 的变化特点.

7.4.7 差分方程

1. 差分方程 $y_{t+1}-y_t=t2^t$ 的通解为__________.

2. 差分方程 $2y_{t+1}+10y_t-5t=0$ 的通解为__________.

3. 某公司每年的工资总额在比上一年增加 20%的基础上再追加 2 百万元. 若以 W_t 表示 t 年的工资总额(单位为百万元), 则 W_t 满足的差分方程为__________.

4. 求下列差分方程的通解及特解.

(1) $y_{t+1}-5y_x=3, y_0=\dfrac{7}{3}$;

(2) $y_{t+1}+y_x=2^x, y_0=2$;

(3) $y_{t+1}+4y_x=2x^2+x+1, y_0=1$;

(4) $y_{t+1}-\dfrac{1}{2}y_x=\left(\dfrac{5}{2}\right)^x, y_0=-1$.

5. 在讨论供需关系时, 某商品的需求量、供给量和价格均为时间的函数, 为非负整数值, 传统的基本动态供需均衡模型为

$$\begin{cases} D_n=a+bP_n \\ S_n=a_1+b_1P_{n-1} \\ D_n=S_n \end{cases}$$

其中, a、a_1、b_1 为正常数, 且 $a>a_1$, b 为负常数. 试求 P_n 满足的差分方程, 并求 $\lim\limits_{n\to\infty}P_n$.

6. 设 Y_x、C_x、I_x 分别为 x 期国民收入、消费、投资, 三者之间关系如下:

$$\begin{cases} Y_x=C_x+I_x \\ C_x=\alpha Y_x+\beta, \quad 0<\alpha<1, \beta\geqslant 0 \\ Y_{x+1}=Y_x+rI_x, \quad r>0 \end{cases}$$

求 Y_x, C_x, I_x.

7. (分期偿还贷款模型)设从银行贷款 P_0 元, 月利率为 P, 这笔贷款要在 m 个月内按月等额偿还, 试问每月应还多少?

8. 若贷款 2 500 元, 月利率为 1%, 要在 12 个月内用分期付款方式按月等额偿还, 求平均每月应付多少元? 其应付利息为多少?

9. 设某商品在时期 t 的价格为 P_t, 总供给为 S_t, 总需求为 D_t, 并设对于 $t=0,1,2,\cdots$, 有

$$\begin{cases} S_t = 2P_{t+1} \\ D_t = -4P_{t-1} + 5 \\ S_t = D_t \end{cases}$$

求证 P_t 满足差分方程 $P_{t+1} - 2P_t = 2$，并求出 $P(0) = P_0$ 时方程的解.

10. 设 $P(n)$ 是第 n 时间段开始时欠款的总额，假设固定的时间段为每月，又设初始的贷款额为 $P(0)$，月利率为 b，每月必须偿还固定金额为 R，试列出 $P(n)$ 满足的差分方程，若给定 $P(0)$，求此差分方程的解 $P(n)$.

7.5　总复习题 7

一、填空题(本题共 5 个小题，每小题 3 分，共 15 分)

1. 微分方程 $y\mathrm{d}x + (x^2 - 4x)\mathrm{d}y = 0$ 的通解为__________.

2. 微分方程 $y\ln y\mathrm{d}x + (x - \ln y)\mathrm{d}y = 0$ 的通解为__________.

3. 微分方程 $\dfrac{\mathrm{d}y}{\mathrm{d}x} = \dfrac{y}{x+y}$ 的通解为__________.

4. 微分方程 $y'' - y = \mathrm{e}^x + 4\cos x$ 的通解为__________.

5. 方程 $y' = \mathrm{e}^{2x-y}$ 满足条件 $y|_{x=0} = 0$ 的特解是__________.

二、单项选择题(本题共 5 个小题，每小题 3 分，共 15 分)

1. 方程 $(x+y)\mathrm{d}y - y\mathrm{d}x = 0$ 的通解是(　　).

A. $y = C\mathrm{e}^{\frac{x}{y}}$　　B. $y = C\mathrm{e}^{\frac{y}{x}}$

C. $y\mathrm{e}^{\frac{y}{x}} = Cx^2$　　D. $y\mathrm{e}^{-\frac{y}{x}} = Cx^2$

2. 若二阶常系数非齐次线性微分方程 $y'' + ay' + by = \mathrm{e}^{-x}\cos x$ 有一个特解 $y^* = \mathrm{e}^{-x}(x\cos x + x\sin x)$，则(　　).

A. $a = -1, b = 1$　　B. $a = 1, b = -1$

C. $a = 2, b = 1$　　D. $a = 2, b = 2$

3. 若用代换 $y = z^m$ 可将微分方程 $y' = ax^\alpha + by^\beta\ (\alpha\beta \neq 0)$ 化为一阶齐次微分方程 $\dfrac{\mathrm{d}z}{\mathrm{d}x} = f\left(\dfrac{z}{x}\right)$，则 α, β 应满足的条件是(　　).

A. $\dfrac{1}{\beta} - \dfrac{1}{\alpha} = 1$　　B. $\dfrac{1}{\beta} + \dfrac{1}{\alpha} = 1$

C. $\dfrac{1}{\alpha} - \dfrac{1}{\beta} = 1$　　D. $\dfrac{1}{\beta} + \dfrac{1}{\alpha} = -1$

4. 如果微分方程 $y'' + p(x)y' + q(x)y = f(x)$ 有三个特解 $\mathrm{e}^x, x\mathrm{e}^x, x^2\mathrm{e}^x$，那么它的通解

为(　　).

A. $(C_1+C_2x)xe^x-(C_1+C_2)e^x$　　B. $(C_1+C_2x)xe^x+e^x$

C. $(C_1+C_2x)+xe^x-(1-C_1-C_2)e^x$　　D. $(C_1+C_2x)xe^x+(1-C_1-C_2)e^x$

5. 已知曲线 $y=y(x)$ 经过原点，且在原点的切线平行于直线 $2x-y-5=0$，而 $y(x)$ 满足 $y''-6y'+9y=e^{3x}$，则 $y(x)$ 等于(　　).

A. $\sin(2x)$　　B. $\frac{1}{2}x^2e^{2x}+\sin(2x)$

C. $\frac{x}{2}(x+4)e^{3x}$　　D. $\left[x^2\cos x+\sin(2x)\right]e^{3x}$

三、解答题(本题共 10 个小题，每小题 7 分，共 70 分)

1. 求方程 $e^y y'-\frac{1}{x}e^y=x^2$ 的通解.

2. 设微分方程有通解 $y=(C_1+C_2x+x^{-1})e^x$，求此微分方程.

3. 设函数 $f(u)$ 在 $(0,+\infty)$ 内二阶可导且 $z=f\left(\sqrt{x^2+y^2}\right)$ 满足等式

$$\frac{\partial^2 z}{\partial x^2}+\frac{\partial^2 z}{\partial y^2}=0$$

(1) 验证 $f''(u)+\frac{f'(u)}{u}=0$；

(2) 若 $f(1)=0, f'(1)=1$，求函数 $f(u)$ 的表达式.

4. 求微分方程 $y''-(\alpha+\beta)y'+\alpha\beta y=\alpha e^{\alpha x}+\beta e^{\beta x}$ (α,β 为非零实数)的通解.

5. 微分方程 $y''+ay'+by=ce^x$ 的一个特解为 $y=e^{2x}+(1+x)e^x$，求 a,b,c 及该方程的通解.

6. 设 $f(x)$ 为偶函数，且满足 $f'(x)+2f(x)-3\int_0^x f(t-x)dt=-3x+2$，求 $f(x)$.

7. 设有级数 $2+\sum\limits_{n=1}^{\infty}\frac{x^{2n}}{(2n)!}$，

(1) 求此级数的收敛域;

(2) 证明此级数的和函数 $y(x)$ 满足微分方程 $y''-y=-1$;

(3) 求微分方程 $y''-y=-1$ 的通解，并由此确定该级数的和函数.

8. 设 $f(x), g(x)$ 满足

$$f'(x)=g(x),\quad g'(x)=2e^x-f(x)$$

且 $f(0)=0, g(0)=2$，求 $\int_0^{\pi}\left[\frac{g(x)}{1+x}-\frac{f(x)}{(1+x)^2}\right]dx$.

9. 设微分方程 $y'-2y=\begin{cases}\mathrm{e}^x, & x>0\\ 2x, & x<0\end{cases}$, 试求在 $(-\infty,+\infty)$ 内的连续函数 $y=f(x)$ ，使之在 $(-\infty,0)$ 和 $(0,+\infty)$ 都满足该方程, 并给出满足条件 $f(-1)=\dfrac{1}{2}$ 的特解.

10. 求差分方程 $y_{t+1}-y_t=t2^t$ 的通解.

第 8 章　多元函数微分学

8.1　知识点小结

8.1.1　空间解析几何简介

1. 空间直角坐标系

过空间一定点 O 作三条相互垂直的数轴, 依次记为 $\boldsymbol{x}$ **轴**(**横轴**)、$\boldsymbol{y}$ **轴**(**纵轴**)、$\boldsymbol{z}$ **轴**(**竖轴**), 统称为**坐标轴**, 它们构成一个空间直角坐标系 $Oxyz$.

空间直角坐标系有右手系和左手系两种. 通常采用右手系.

(1) 空间点的坐标表示, 包括各坐标轴、坐标平面上点的坐标表示.

(2) 空间八个卦限中点的坐标符号.

(3) 空间两点 $M_1(x_1,y_1,z_1),M_2(x_2,y_2,z_2)$ 间距离公式:

$$|M_1M_2|=\sqrt{(x_2-x_1)^2+(y_2-y_1)^2+(z_2-z_1)^2}$$

2. n 维空间

$$\mathbf{R}^n=\left\{(x_1,x_2,\cdots,x_n)\middle|x_i\in\mathbf{R},i=1,2,\cdots,n\right\}$$

n 维空间中两点 $P(x_1,x_2,\cdots,x_n),Q(y_1,y_2,\cdots,y_n)$ 间的距离公式:

$$|PQ|=\sqrt{(x_1-y_1)^2+(x_2-y_2)^2+\cdots+(x_n-y_n)^2}$$

3. 曲面与方程

在空间直角坐标系中, 若曲面 S 上任一点坐标都满足方程 $F(x,y,z)=0$, 且不在曲面 S 上的任何点的坐标都不满足该方程, 则方程 $F(x,y,z)=0$ 称为曲面 S 的方程, 曲面 S 就称为方程 $F(x,y,z)=0$ 的图形.

空间曲面研究的两个基本问题:

(1) 已知曲面上的点所满足的几何条件, 建立曲面方程.

(2) 已知曲面方程, 研究曲面的几何形状.

4. 特殊曲面及其方程

平面　平面是空间中最简单、最重要的曲面. 其一般方程为

$$Ax+By+Cz+D=0$$

其中, A, B, C, D 是不全为零的常数.

柱面　平行于某定直线并沿定曲线 C 移动的直线 L 所形成的轨迹称为**柱面**. 这条定曲线 C 称为柱面的**准线**, 动直线 L 称为柱面的**母线**.

例如, 圆柱面: $x^2+y^2=a^2$. 抛物柱面: $z=ax^2$. 双曲柱面: $x^2-y^2=a^2$.

5. 常用二次曲面

在空间直角坐标系中, 采用一系列平行于坐标面的平面去截割曲面, 从而得到平面与曲面一系列的交线(即截痕), 通过综合分析这些截痕的形状和性质来认识曲面形状的全貌. 这种研究曲面的方法称为平面截割法, 简称为**截痕法**.

利用截痕法可以研究以下常见二次曲面形状.

椭球面: $\dfrac{x^2}{a^2}+\dfrac{y^2}{b^2}+\dfrac{z^2}{c^2}=1$.

椭圆抛物面: $\dfrac{x^2}{2p}+\dfrac{y^2}{2q}=z$ (p 与 q 同号).

双曲抛物面: $-\dfrac{x^2}{2p}+\dfrac{y^2}{2q}=z$ (p 与 q 同号).

单叶双曲面: $\dfrac{x^2}{a^2}+\dfrac{y^2}{b^2}-\dfrac{z^2}{c^2}=1$.

双叶双曲面: $\dfrac{x^2}{a^2}-\dfrac{y^2}{b^2}+\dfrac{z^2}{c^2}=-1$.

二次锥面: $\dfrac{x^2}{a^2}+\dfrac{y^2}{b^2}-\dfrac{z^2}{c^2}=0$.

8.1.2　多元函数的基本概念

1. 平面点集

(1) **邻域的概念**: $U(P_0,\delta)=\{P\,|\,|PP_0|<\delta\}$; $\mathring{U}(P_0,\delta)=\{P\,|\,0<|PP_0|<\delta\}$.

(2) **内点、外点、边界点、聚点、孤立点及特殊点集**: 根据点与点集之间的位置关系, 将点分类为内点、外点、边界点; 根据点是否具有聚集点、集中点的功能, 可将点分类为聚点与孤立点. 理解一些重要的平面点集的概念, 包括开集、闭集、连通集、区域、开区域、闭区域、有界集、无界集, 并会判断平面点集属于哪一类点集.

2. 多元函数的概念

与一元函数进行对比, 理解多元函数的概念、二元函数的几何意义, 会求多元函数定义域. 另外, 一元函数中的单调性、奇偶性、周期性等定义在多元函数中不再适用, 有界性的定义仍然适用.

3. 多元函数的极限

$$\lim_{P\to P_0} f(P)=A \quad 或 \quad f(P)\to A \ \ (P\to P_0) \ \ (P_0是定义域中的聚点).$$

一元函数极限存在的充要条件是左右极限都存在且相等，但多元函数极限中，$P\to P_0$ 的路径不再是左边和右边趋近两种方式，而是无穷种路径，若极限存在则要求 $P\to P_0$ 以任意一种路径趋近得到的极限都存在且相等，显然这种思路证明多元函数极限存在是不可取的，但可以通过寻找特殊的不同趋近路径，若算出的极限不一样，说明多元函数极限不存在.

一元函数求极限的运算法则及某些求极限的方法可以类推应用到多元函数求极限中. 掌握一些简单多元函数极限的求法.

4. 多元函数的连续性

$$\lim_{P\to P_0} f(P)=f(P_0)$$

一切多元初等函数在其定义区域内是连续的. 此处定义区域是指包含在自然定义域内的区域或闭区域.利用此性质，当要求某个多元初等函数在其定义区域内一点的极限时，只要算出函数在该点的函数值即可.

在有界闭区域 D 上连续的多元函数也有类似于一元连续函数在闭区间上所满足的定理，包括有界定理、最值定理、介值定理.

8.1.3 偏导数及其在经济中的应用

1. 偏导数的定义式

设函数 $z=f(x,y)$ 在点 (x_0,y_0) 的某一邻域内有定义:

$$f_x(x_0,y_0)=\lim_{\Delta x\to 0}\frac{f(x_0+\Delta x,y_0)-f(x_0,y_0)}{\Delta x}，也记为 \left.\frac{\partial z}{\partial x}\right|_{\substack{x=x_0\\y=y_0}}，\left.\frac{\partial f}{\partial x}\right|_{\substack{x=x_0\\y=y_0}}，z_x\Big|_{\substack{x=x_0\\y=y_0}}$$

$$f_y(x_0,y_0)=\lim_{\Delta y\to 0}\frac{f(x_0,y_0+\Delta y)-f(x_0,y_0)}{\Delta y}，也记为 \left.\frac{\partial z}{\partial y}\right|_{\substack{x=x_0\\y=y_0}}，\left.\frac{\partial f}{\partial y}\right|_{\substack{x=x_0\\y=y_0}}，z_y\Big|_{\substack{x=x_0\\y=y_0}}$$

对于分段函数在分界点处的偏导数一般采用定义式来求解，而对于一个解析式给出的多元函数，计算其偏导数并不需要用定义式，只需要遵循对某一个变量求偏导数，其他变量当作常数来处理即可，这样一元函数的求导公式和求导法则都可以移用到多元函数偏导数的计算.

2. 偏导数的几何意义

偏导数 $f_x(x_0,y_0)$ 表示曲线 $\begin{cases} z=f(x,y_0) \\ y=y_0 \end{cases}$ 在点 (x_0,y_0) 处的切线与 x 轴正向夹角的正

切值. 同理, 偏导数 $f_y(x_0,y_0)$ 就是上述曲线在点 (x_0,y_0) 处的切线与 y 轴正向夹角的正切值.

与一元函数不同, 一元函数在某一点可导则该函数在该点一定连续, 而多元函数在某点偏导数存在不能保证函数在该点连续.

3. 高阶偏导数

若偏导函数在定义域内仍可偏导, 则可以按求导方法继续求偏导, 二阶及二阶以上的偏导数统称为高阶偏导数. 高阶混合偏导数在连续的条件下与求导次序无关.

4. 偏导数在经济中的应用

(1) 求边际: 求函数对某个变量的边际, 即求函数对此变量的偏导数, 表示在其他变量不变的情况下, 此变量每变化一个单位, 函数大约变化多少个单位.

例如, 需求函数为 $Q=Q(P,P_1,M)$, 其中 P,P_1,M 分别为该产品价格、相关产品价格及消费者收入, 则偏导数 $\frac{\partial Q}{\partial P},\frac{\partial Q}{\partial P_1},\frac{\partial Q}{\partial M}$ 分别称为产品价格 P 的边际需求、相关产品价格 P_1 的边际需求及消费者收入 M 的边际需求.

边际 $\frac{\partial Q}{\partial P}$ 的意义: 当 P_1, M 不变时, 价格上涨一个单位, 需求量减少 $\frac{\partial Q}{\partial P}$ 个单位(通常 $\frac{\partial Q}{\partial P}<0$).另外两个边际意义类似.

(2) 求弹性: 设函数 $z=f(x,y)$ 在 (x,y) 处偏导数存在, 定义函数在该点分别对 x,y 的偏弹性为

$$\frac{Ez}{Ex}=\varepsilon_x=\lim_{\Delta x\to 0}\frac{\frac{\Delta_x z}{z}}{\frac{\Delta x}{x}}=\frac{x}{z}\cdot\frac{\partial z}{\partial x};\quad \frac{Ez}{Ey}=\varepsilon_y=\lim_{\Delta y\to 0}\frac{\frac{\Delta_y z}{z}}{\frac{\Delta y}{y}}=\frac{y}{z}\cdot\frac{\partial z}{\partial y}$$

其意义表示固定另一自变量保持不变, 当该自变量变化 1%时, 函数值将改变的百分比.

8.1.4　全微分

1. 全微分概念

若函数 $z=f(x,y)$ 在点 (x,y) 的全增量

$$\Delta z=f(x+\Delta x,y+\Delta y)-f(x,y)$$

可以表示为

$$\Delta z=A\Delta x+B\Delta y+o(\rho)$$

其中, A, B 不依赖 Δx, Δy, 而仅与 x, y 有关, $\rho=\sqrt{(\Delta x)^2+(\Delta y)^2}$, 则称函数 $z=f(x,y)$ 在

点 (x,y) **可微分**，$A\Delta x+B\Delta y$ 称为函数 $z=f(x,y)$ 在点 (x,y) 的**全微分**，记为 $\mathrm{d}z$，即

$$\mathrm{d}z=A\Delta x+B\Delta y$$

若函数在区域 D 内各点处可微分，则称该函数**在区域 D 内可微分**.

类似于一元函数的微分，在 $\Delta x,\Delta y$ 较小时，全微分是全增量的近似表示.

$$\Delta z=f(x+\Delta x,y+\Delta y)-f(x,y)\approx A\Delta x+B\Delta y=\mathrm{d}z$$

2. 函数可全微分的条件

(1) (**必要条件**) 若函数 $z=f(x,y)$ 在点 (x,y) 处可微分，则该函数在点 (x,y) 的偏导数 $\dfrac{\partial z}{\partial x},\dfrac{\partial z}{\partial y}$ 必存在，且 $z=f(x,y)$ 在点 (x,y) 处的全微分 $\mathrm{d}z=\dfrac{\partial z}{\partial x}\Delta x+\dfrac{\partial z}{\partial y}\Delta y$.

(2) (**充分条件**) 若函数 $z=f(x,y)$ 的偏导数 $\dfrac{\partial z}{\partial x},\dfrac{\partial z}{\partial y}$ 在点 (x,y) 连续，则函数在该点处可全微分.

3. 全微分的计算

全微分等于偏微分之和.

例如，二元函数 $z=f(x,y)$ 的全微分就表示为 $\mathrm{d}z=\dfrac{\partial z}{\partial x}\mathrm{d}x+\dfrac{\partial z}{\partial y}\mathrm{d}y$.

三元函数 $u=f(x,y,z)$ 的全微分可表示为 $\mathrm{d}u=\dfrac{\partial u}{\partial x}\mathrm{d}x+\dfrac{\partial u}{\partial y}\mathrm{d}y+\dfrac{\partial u}{\partial z}\mathrm{d}z$.

4. 全微分在近似计算中的应用

(1) 计算函数增量近似值:

$$\Delta z\approx f_x(x,y)\Delta x+f_y(x,y)\Delta y$$

(2) 计算函数在不易算的某点处的近似计算值:

$$f(x+\Delta x,y+\Delta y)\approx f(x,y)+f_x(x,y)\Delta x+f_y(x,y)\Delta y$$

8.1.5 多元复合函数求导法则

1. 复合函数的中间变量为一元函数的情形

设函数 $z=f(u,v)$，$u=u(t)$，$v=v(t)$ 构成复合函数 $z=f[u(t),v(t)]$，则

$$\frac{\mathrm{d}z}{\mathrm{d}t}=\frac{\partial z}{\partial u}\frac{\mathrm{d}u}{\mathrm{d}t}+\frac{\partial z}{\partial v}\frac{\mathrm{d}v}{\mathrm{d}t}$$

称导数 $\dfrac{\mathrm{d}z}{\mathrm{d}t}$ 为**全导数**.

2. 复合函数的中间变量为多元函数的情形

设函数 $z=f(u,v)$, $u=u(x,y)$, $v=v(x,y)$ 构成复合函数 $z=f[u(x,y),\ v(x,y)]$, 则

$$\frac{\partial z}{\partial x}=\frac{\partial z}{\partial u}\frac{\partial u}{\partial x}+\frac{\partial z}{\partial v}\frac{\partial v}{\partial x}$$

$$\frac{\partial z}{\partial y}=\frac{\partial z}{\partial u}\frac{\partial u}{\partial y}+\frac{\partial z}{\partial v}\frac{\partial v}{\partial y}$$

3. 复合函数的中间变量既有一元函数也有多元函数的情形

设函数 $z=f(u,v)$, $u=u(x,y)$, $v=v(y)$ 构成复合函数 $z=f[u(x,y),\ v(y)]$, 则

$$\frac{\partial z}{\partial x}=\frac{\partial z}{\partial u}\frac{\partial u}{\partial x}$$

$$\frac{\partial z}{\partial y}=\frac{\partial z}{\partial u}\frac{\partial u}{\partial y}+\frac{\partial z}{\partial v}\frac{\mathrm{d}v}{\mathrm{d}y}$$

特别地, 设函数 $z=f(u,x,y)$, $u=u(x,y)$构成复合函数 $z=f[u(x,y),x,y]$, 则

$$\frac{\partial z}{\partial x}=\frac{\partial f}{\partial u}\frac{\partial u}{\partial x}+\frac{\partial f}{\partial x}$$

$$\frac{\partial z}{\partial y}=\frac{\partial f}{\partial u}\frac{\partial u}{\partial y}+\frac{\partial f}{\partial y}$$

注: 这里 $\frac{\partial z}{\partial x}$ 与 $\frac{\partial f}{\partial x}$ 是不同的, $\frac{\partial z}{\partial x}$ 是把复合函数 $z=f[u(x,y),x,y]$ 中的 y 看作不变而对 x 的偏导数, $\frac{\partial f}{\partial x}$ 是把函数 $z=f(u,x,y)$ 中的 u 及 y 看作不变而对 x 的偏导数. $\frac{\partial z}{\partial y}$ 与 $\frac{\partial f}{\partial y}$ 也有类似的区别.

在多元复合函数的求导中, 为了简便起见, 常采用以下记号:

$$f_1'=\frac{\partial f(u,v)}{\partial u},\quad f_2'=\frac{\partial f(u,v)}{\partial v},\quad f_{12}''=\frac{\partial^2 f(u,v)}{\partial u\partial v},\cdots$$

其中, 下标 1 表示对第一个变量 u 求偏导数, 下标 2 表示对第二个变量 v 求偏导数. 同理有 f_{11}'', f_{22}'', $\cdots$.

4. 全微分形式不变性

设函数 $z=f(u,v)$ 是可微函数, 则不论 u、v 是中间变量还是终止自变量都有

$$\mathrm{d}z=\frac{\partial z}{\partial u}\mathrm{d}u+\frac{\partial z}{\partial v}\mathrm{d}v$$

此性质称为**全微分形式不变性**.

8.1.6　隐函数的求导公式

1. 由二元方程确定的一元隐函数求导

设函数 $F(x,y)$ 在点 $P(x_0,y_0)$ 的某一邻域内具有连续的偏导数，且 $F_y(x_0,y_0)\neq 0$，$F(x_0,y_0)=0$，则方程 $F(x,y)=0$ 在点 $P(x_0,y_0)$ 的某一邻域内能唯一确定一个连续且具有连续导数的函数 $y=f(x)$，它满足 $y_0=f(x_0)$，并有

$$\frac{\mathrm{d}y}{\mathrm{d}x}=-\frac{F_x}{F_y}$$

一元隐函数求导有直接法、微分法、公式法. 前两种方法《高等数学(上)》已经讲述，此处给出的是公式法，只要掌握了偏导数的求法，利用公式法求隐函数导数计算量更小.

2. 由三元方程确定的二元隐函数求导

设函数 $F(x,y,z)$ 在点 $P(x_0,y_0,z_0)$ 的某一邻域内有连续的偏导数，且

$$F(x_0,y_0,z_0)=0,\qquad F_z(x_0,y_0,z_0)\neq 0$$

则方程 $F(x,y,z)=0$ 在点 $P(x_0,y_0,z_0)$ 的某一邻域内能唯一确定一个连续且具有连续偏导数的函数 $z=f(x,y)$，它满足条件 $z_0=f(x_0,y_0)$，并有

$$\frac{\partial z}{\partial x}=-\frac{F_x}{F_z},\qquad \frac{\partial z}{\partial y}=-\frac{F_y}{F_z}$$

3. 方程组确定的隐含数组求导

设由方程组 $\begin{cases}F(x,y,u,v)=0\\G(x,y,u,v)=0\end{cases}$ 能够确定一对隐函数组 $\begin{cases}u=u(x,y)\\v=v(x,y)\end{cases}$，则方程组各式两边分别对 x 求导，由应用复合函数求导法则得

$$\begin{cases}F_x+F_u\dfrac{\partial u}{\partial x}+F_v\dfrac{\partial v}{\partial x}=0\\[2ex]G_x+G_u\dfrac{\partial u}{\partial x}+G_v\dfrac{\partial v}{\partial x}=0\end{cases}$$

这是关于 $\dfrac{\partial u}{\partial x},\dfrac{\partial v}{\partial x}$ 的线性方程组，解出 $\dfrac{\partial u}{\partial x},\dfrac{\partial v}{\partial x}$ 即可.

同理，方程组各式两边分别对 y 求导，由应用复合函数求导法则得

$$\begin{cases}F_y+F_u\dfrac{\partial u}{\partial y}+F_v\dfrac{\partial v}{\partial y}=0\\[2ex]G_y+G_u\dfrac{\partial u}{\partial y}+G_v\dfrac{\partial v}{\partial y}=0\end{cases}$$

这是关于$\frac{\partial u}{\partial y},\frac{\partial v}{\partial y}$的线性方程组，解出$\frac{\partial u}{\partial y},\frac{\partial v}{\partial y}$即可.

8.1.7　多元函数的极值及其求法

1. 二元函数极值的概念

设函数$z=f(x,y)$在点(x_0,y_0)的某一邻域内有定义，对于该邻域内异于(x_0,y_0)的任意一点(x,y)，若

$$f(x,y)\leqslant f(x_0,y_0)$$

则称函数在点(x_0,y_0)有**极大值**；若

$$f(x,y)\geqslant f(x_0,y_0)$$

则称函数在点(x_0,y_0)有**极小值**. 极大值、极小值统称为**极值**，使函数取得极值的点称为**极值点**.

2. 取得极值的条件

(**必要条件**)设函数$z=f(x,y)$在点(x_0,y_0)具有偏导数，且在点(x_0,y_0)处有极值，则它在该点的偏导数必然为零，即

$$f_x(x_0,y_0)=0,\quad f_y(x_0,y_0)=0$$

与一元函数的情形类似，对于多元函数，凡是能使一阶偏导数同时为零的点称为函数的**驻点**.

(**充分条件**)设函数$z=f(x,y)$在点(x_0,y_0)的某邻域内有直到二阶的连续偏导数，又$f_x(x_0,y_0)=0$, $f_y(x_0,y_0)=0$.令

$$f_{xx}(x_0,y_0)=A,\quad f_{xy}(x_0,y_0)=B,\quad f_{yy}(x_0,y_0)=C$$

(1) 当$AC-B^2>0$时，函数$f(x,y)$在(x_0,y_0)处有极值，且当$A>0$时有极小值$f(x_0,y_0)$；$A<0$时有极大值$f(x_0,y_0)$.

(2) 当$AC-B^2<0$时，函数$f(x,y)$在(x_0,y_0)处没有极值.

(3) 当$AC-B^2=0$时，函数$f(x,y)$在(x_0,y_0)处可能有极值，也可能没有极值.

若函数$f(x,y)$具有二阶连续偏导数，则求$z=f(x,y)$的极值的一般步骤如下.

第一步　解方程组$f_x(x,y)=0, f_y(x,y)=0$，求出$f(x,y)$的所有驻点.

第二步　求出函数$f(x,y)$的二阶偏导数，依次确定各驻点处A、B、C的值，并根据$AC-B^2$的符号判定驻点是否为极值点. 最后求出函数$f(x,y)$在极值点处的极值.

注：此充分条件用来判定$AC-B^2\neq 0$的驻点是否为极值点. 对于$AC-B^2=0$的驻点及一阶偏导不存在的点，只能用定义判定其是否为极值点.

3. 二元函数的最大值与最小值

求函数 $f(x,y)$ 的最大值和最小值的一般步骤如下.

(1) 求函数 $f(x,y)$ 在区域 D 内所有驻点及一阶偏导不存在的点处的函数值.

(2) 求 $f(x,y)$ 在区域 D 的边界上的最大值和最小值.

(3) 将前两步得到的所有函数值进行比较，其中最大者即为最大值，最小者即为最小值.

在通常遇到的实际问题中，如果根据问题的性质，可以判断出函数 $f(x,y)$ 的最大值(最小值)一定在区域 D 的内部取得，而函数 $f(x,y)$ 在区域 D 内只有一个驻点，则可以肯定该驻点处的函数值就是函数 $f(x,y)$ 在区域 D 上的最大值(最小值).

4. 条件极值　拉格朗日乘数法

前面所讨论的极值问题，对于函数的自变量取值范围一般只要求落在定义域内，并无其他限制条件，这类极值称为**无条件极值**. 但在实际问题中，常会遇到对函数的自变量除了取值范围的要求还有附加条件的极值问题. 对自变量有附加条件的极值称为**条件极值**.

拉格朗日乘数法　设二元函数 $f(x,y)$ 和 $\varphi(x,y)$ 在区域 D 内有一阶连续偏导数，则求 $z=f(x,y)$ 在区域 D 内满足条件 $\varphi(x,y)=0$ 的极值问题，可以转化为求拉格朗日函数

$$L(x,y,\lambda)=f(x,y)+\lambda\varphi(x,y)$$

(其中，λ 为某一常数)的无条件极值问题.

利用拉格朗日乘数法求函数 $z=f(x,y)$ 在区域 D 内满足条件 $\varphi(x,y)=0$ 的极值的基本步骤如下.

(1) 构造拉格朗日函数

$$L(x,y,\lambda)=f(x,y)+\lambda\varphi(x,y)$$

其中，λ 为某一常数.

(2) 由方程组

$$\begin{cases} L_x=f_x(x,y)+\lambda\varphi_x(x,y)=0 \\ L_y=f_y(x,y)+\lambda\varphi_y(x,y)=0 \\ L_\lambda=\varphi(x,y)=0 \end{cases}$$

解出 x,y,λ. 其中, x,y 就是所求条件极值可能的极值点.

注：拉格朗日乘数法只给出函数取极值的必要条件，因此按照这种方法求出的点是否为极值点，还需要加以讨论. 不过在实际问题中，往往可以根据问题本身的性质来判定所求点是不是极值点.

拉格朗日乘数法可推广到自变量多于两个或条件多于一个的情形.

8.2　考研数学大纲要求

8.2.1　考试内容

多元函数的概念, 二元函数的几何意义, 二元函数的极限与连续的概念, 有界闭区域上二元连续函数的性质, 多元函数偏导数的概念与计算, 多元复合函数的求导法与隐函数求导法, 二阶偏导数, 全微分, 多元函数的极值和条件极值、最大值和最小值.

8.2.2　考试要求

(1) 了解多元函数的概念, 了解二元函数的几何意义.

(2) 了解二元函数的极限与连续的概念, 了解有界闭区域上二元连续函数的性质.

(3) 了解多元函数偏导数与全微分的概念, 会求多元复合函数一阶偏导数、二阶偏导数, 会求全微分, 会求多元隐函数的偏导数.

(4) 了解多元函数极值和条件极值的概念, 掌握多元函数极值存在的必要条件, 了解二元函数极值存在的充分条件, 会求二元函数的极值, 会用拉格朗日乘数法求条件极值, 会求简单多元函数的最大值和最小值, 并会解决简单的应用问题.

8.3　典 型 例 题

8.3.1　空间解析几何

例 1　写出以点 $C(1, 3, -2)$为球心并通过坐标原点的球面方程.

解　半径: $R=\sqrt{1^2+3^2+(-2)^2}=\sqrt{14}$.

球面方程: $(x-1)^2+(y-3)^2+(z+2)^2=14$.

例 2　设一动点到两定点的距离之比为一常数, 求此动点的轨迹, 并说明轨迹是什么曲面.

解　取两定点的连线为 x 轴, 两定点的中点为原点, 两定点的坐标分别为$(-a, 0, 0)$、$(a, 0, 0)$; 设动点为(x, y, z), 则

$$(x+a)^2+y^2+z^2=k[(x-a)^2+y^2+z^2]$$

当$k\neq 1$时, 轨迹为球面

$$x^2+y^2+z^2+2a\frac{1+k}{1-k}x+a^2=0$$

当$k=1$时, 轨迹为平面: $x=0$.

例 3　指出下列平面在坐标系中的特殊位置.

(1) $3x-5z+1=0$;　(2) $9y-1=0$;

(3) $x+y-5=0$;　(4) $2x+5y-7z=0$;

(5) $8y-3z=0$;　　(6) $x+y=0$;

(7) $y=0$;　　(8) $z=2$.

解 (1) 平行于 y 轴. (2) 平行于 xOz 平面. (3) 平行于 z 轴. (4) 通过坐标原点. (5) 通过 x 轴. (6) 通过 z 轴. (7) xOz 平面. (8) 平行于 xOy 平面.

例 4 指出下列方程表示什么曲面.

(1) $x^2+y^2+z^2=2az$;　　(2) $x^2+y^2=2az$;

(3) $x^2+z^2=2az$;　　(4) $x^2-y^2=z^2$;

(5) $x^2=2az$;　　(6) $z=2+x^2+y^2$.

解 (1) $x^2+y^2+(z-a)^2=a^2$ 表示球心在$(0, 0, a)$, 半径为 a 的球面.

(2) 表示抛物线 $y^2=2az$ 绕 z 轴旋转所得的旋转抛物面.

(3) 表示母线平行于 y 轴, 准线为 $x^2+(z-a)^2=a^2$ 的圆柱面.

(4) 表示锥面.

(5) 表示母线平行于 y 轴的抛旋转物柱面.

(6) 表示抛物线 $x^2=z-2$ 绕 z 轴旋转所得的旋转抛物面.

例 5 试考察曲面 $\dfrac{x^2}{9}+\dfrac{y^2}{25}+\dfrac{z^2}{4}=1$:

(1) 在平面 $x=0$ 上的痕迹, 并写出这些截痕的方程;

(2) 在平面 $x=2$ 上的痕迹, 并写出这些截痕的方程;

(3) 在平面 $y=0$ 上的痕迹, 并写出这些截痕的方程;

(4) 在平面 $z=1$ 上的痕迹, 并写出这些截痕的方程.

解 (1) 将 x=0 代入曲面方程, 得截痕为 yOz 平面上的椭圆方程为

$$\frac{y^2}{25}+\frac{z^2}{4}=1$$

(2) 截痕为 x=2 平面上的椭圆方程为 $\dfrac{y^2}{\left(\dfrac{5\sqrt{5}}{3}\right)^2}+\dfrac{z^2}{\left(\dfrac{2\sqrt{5}}{3}\right)^2}=1$.

(3) 截痕为 xOz 平面上的椭圆方程为 $\dfrac{x^2}{9}+\dfrac{z^2}{4}=1$.

(4) 截痕为 z=1 平面上的椭圆方程为 $\dfrac{y^2}{\left(\dfrac{5\sqrt{3}}{2}\right)^2}+\dfrac{x^2}{\left(\dfrac{3\sqrt{3}}{2}\right)^2}=1$.

8.3.2 多元函数的定义域, 极限与连续

例 6 求下列函数的定义域.

(1) $z=\sqrt{1-\dfrac{x^2}{a^2}-\dfrac{y^2}{b^2}}$；　(2) $z=\dfrac{1}{\ln(x-y)}$；

(3) $z=\arcsin\dfrac{y}{x}$；　(4) $z=\sqrt{x-\sqrt{y}}-\arccos(x^2+y^2)$．

解　(1) 要使函数有意义，必须$1-\dfrac{x^2}{a^2}-\dfrac{y^2}{b^2}\geqslant 0$，即$\dfrac{x^2}{a^2}+\dfrac{y^2}{b^2}\leqslant 1$，则函数的定义域为$\left\{(x,y)\mid \dfrac{x^2}{a^2}+\dfrac{y^2}{b^2}\leqslant 1\right\}$．

(2) 要使函数有意义，必须$\begin{cases}\ln(x-y)\neq 0\\ x-y>0\end{cases}$，即$\begin{cases}x-y\neq 1\\ x>y\end{cases}$，则函数的定义域为$\{(x,y)\mid x>y 且 x-y\neq 1\}$．

(3) 要使函数有意义，必须$\begin{cases}\left|\dfrac{y}{x}\right|\leqslant 1\\ x\neq 0\end{cases}$，即$\begin{cases}-x\leqslant y\leqslant x\\ x>0\end{cases}$或$\begin{cases}x\leqslant y\leqslant -x\\ x<0\end{cases}$，所以函数的定义域为

$$\{(x,y)\mid x>0 且 -x\leqslant y\leqslant x\}\cup\{(x,y)\mid x<0, x\leqslant y\leqslant -x\}$$

(4) 要使函数有意义，必须$\begin{cases}x-\sqrt{y}\geqslant 0\\ y\geqslant 0\\ |x^2+y^2|\leqslant 1\end{cases}$，即$\begin{cases}x\geqslant 0\\ y\geqslant 0\\ x^2\geqslant y\\ x^2+y^2\leqslant 1\end{cases}$，所以函数的定义域为

$$\{(x,y)\mid x\geqslant 0, y\geqslant 0, x^2\geqslant y, x^2+y^2\leqslant 1\}$$

例 7　设$F(x,y)=\sqrt{y}+f(\sqrt{x}-1)$，若当$y=1$时，$F(x,1)=x$，求$f(x)$及$F(x,y)$的表达式．

解　由$F(x,1)=x$得$x=1+f(\sqrt{x}-1)$，即$f(\sqrt{x}-1)=x-1$．

令$\sqrt{x}-1=t$，则$x=(1+t)^2$代入上式有

$$f(t)=(1+t)^2-1=t(t+2)$$

所以

$$f(x)=x(x+2)$$

于是

$$\begin{aligned}F(x,y)&=\sqrt{y}+f(\sqrt{x}-1)=\sqrt{y}+(\sqrt{x}-1)(\sqrt{x}+1)\\&=\sqrt{y}+x-1\end{aligned}$$

例 8　求下列极限．

(1) $\lim\limits_{\substack{x\to 0\\ y\to 1}}\dfrac{1-xy}{x^2+y^2}$；　(2) $\lim\limits_{\substack{x\to 0\\ y\to 1}}\dfrac{\sin(xy)}{x}$；

(3) $\lim\limits_{\substack{x\to 0\\ y\to 0}}\dfrac{x^2+y^2}{\sqrt{x^2+y^2+1}-1}$；　　(4) $\lim\limits_{\substack{x\to 0\\ y\to 0}}(x+y)\sin\dfrac{1}{x}\sin\dfrac{1}{y}$.

解 (1) $\lim\limits_{\substack{x\to 0\\ y\to 1}}\dfrac{1-xy}{x^2+y^2}=\dfrac{1-0\times 1}{0^2+1^2}=1$.

(2) $\lim\limits_{\substack{x\to 0\\ y\to 1}}\dfrac{\sin(xy)}{x}=\lim\limits_{\substack{x\to 0\\ y\to 1}}y\cdot\dfrac{\sin(xy)}{xy}=1$.

(3) 原式$=\lim\limits_{\substack{x\to 0\\ y\to 0}}\dfrac{(x^2+y^2)(\sqrt{x^2+y^2+1}+1)}{(x^2+y^2)}=2$.

(4) 当 $x\to 0,y\to 0$ 时，$(x+y)$ 是无穷小量，而 $\sin\dfrac{1}{x}\sin\dfrac{1}{y}$ 是有界函数，所以它们的积为无穷小量，即 $\lim\limits_{\substack{x\to 0\\ y\to 0}}(x+y)\sin\dfrac{1}{x}\sin\dfrac{1}{y}=0$.

例 9 求函数 $z=\dfrac{y^2+2x}{y^2-2x}$ 的间断点.

解 因 $y^2-2x=0$ 时函数无定义(但邻域附近有定义)，故在抛物线 $y^2=2x$ 处函数间断，函数的间断点是 $\{(x,y)\,|\,y^2=2x,x\in\mathbf{R}\}$.

例 10 证明极限不存在.

(1) $\lim\limits_{\substack{x\to 0\\ y\to 0}}\dfrac{x+y}{x-y}$；　　(2) $\lim\limits_{\substack{x\to 0\\ y\to 0}}\dfrac{xy^2}{x^2+y^4}$.

证 (1) 若动点 $p(x,y)$ 沿曲线 $y=\sin x$ 趋于点(0,0)，则

$$\lim_{\substack{x\to 0\\ y=\sin x\to 0}}\frac{x+y}{x-y}=\lim_{x\to 0}\frac{1+\dfrac{\sin x}{x}}{1-\dfrac{\sin x}{x}}=\infty$$

所以 $\lim\limits_{\substack{x\to 0\\ y\to 0}}\dfrac{x+y}{x-y}$ 不存在.

(2) 若动点 $p(x,y)$ 沿曲线 $x=ky^2$ 趋于点(0,0)，则

$$\lim_{\substack{x\to 0\\ x=ky^2\to 0}}\frac{xy^2}{x^2+y^4}=\lim_{y\to 0}\frac{ky^2\cdot y^2}{k^2y^4+y^4}=\frac{k}{k^2+1}$$

显然它随 k 值的不同而变化，所以极限不存在.

例 11 讨论函数

$$f(x,y)=\begin{cases}\dfrac{xy}{\sqrt{x^2+y^2}}, & (x,y)\neq(0,0)\\ 0, & (x,y)=(0,0)\end{cases}$$

的连续性.

解　当 $(x,y)\neq(0,0)$ 时，函数是连续的；在点(0,0)处 $\lim\limits_{\substack{x\to0\\y\to0}}\dfrac{xy}{\sqrt{x^2+y^2}}=0=f(0,0)$.

所以 $f(x,y)$ 处处连续.

8.3.3　多元函数求偏导数

例 12　试证函数 $f(x,y)=\begin{cases}\dfrac{xy}{x^2+y^2}, & (x,y)\neq(0,0)\\ 0, & (x,y)=(0,0)\end{cases}$ 的偏导数 $f_x(0,0), f_y(0,0)$ 存在，但 $f(x,y)$ 在 $(0,0)$ 点不连续.

证

$$f_x(0,0)=\lim_{\Delta x\to0}\frac{f(0+\Delta x,0)-f(0,0)}{\Delta x}=\lim_{\Delta x\to0}\frac{0-0}{\Delta x}=0$$

$$f_y(0,0)=\lim_{\Delta y\to0}\frac{f(0,0+\Delta y)-f(0,0)}{\Delta y}=\lim_{\Delta y\to0}\frac{0-0}{\Delta y}=0$$

即偏导数 $f_x(0,0)$, $f_y(0,0)$ 存在. 但极限 $\lim\limits_{\substack{x\to0\\y\to0}}\dfrac{xy}{x^2+y^2}$ 不存在，故 $f(x,y)$ 在 $(0,0)$ 点不连续.

例 13　求下列各函数的偏导数.

(1) $u=y^{\frac{z}{x}}$;　　　　(2) $z=\ln\tan\dfrac{y}{x}$.

解　(1) $\dfrac{\partial u}{\partial x}=y^{\frac{z}{x}}\cdot\ln y\cdot\dfrac{-z}{x^2}=-\dfrac{z\ln y}{x^2}\cdot y^{\frac{z}{x}}$;

$$\frac{\partial u}{\partial y}=\frac{z}{x}y^{\frac{z}{x}-1};$$

$$\frac{\partial u}{\partial z}=y^{\frac{z}{x}}\cdot\ln y\cdot\frac{1}{x}=\frac{\ln y}{x}y^{\frac{z}{x}}.$$

(2) $\dfrac{\partial z}{\partial x}=\dfrac{1}{\tan\dfrac{y}{x}}\cdot\sec^2\dfrac{y}{x}\cdot\dfrac{-y}{x^2}=-\dfrac{y}{x^2}\cot\dfrac{y}{x}\sec^2\dfrac{y}{x}$;

$$\frac{\partial z}{\partial y}=\frac{1}{\tan\dfrac{y}{x}}\cdot\sec^2\frac{y}{x}\cdot\frac{1}{x}=\frac{1}{x}\cot\frac{y}{x}\sec^2\frac{y}{x}.$$

例 14　已知 $z=x\sin(x+y)$，求 $\dfrac{\partial^2 z}{\partial x^2},\dfrac{\partial^2 z}{\partial y^2},\dfrac{\partial^2 z}{\partial x\partial y}$.

解　由于 $\dfrac{\partial z}{\partial x}=\sin(x+y)+x\cos(x+y)$ ，$\dfrac{\partial z}{\partial y}=x\cos(x+y)$.于是

$$\frac{\partial^2 z}{\partial x^2}=\cos(x+y)+\cos(x+y)-x\sin(x+y)=2\cos(x+y)-x\sin(x+y)$$

$$\frac{\partial^2 z}{\partial y^2}=-x\sin(x+y),\quad \frac{\partial^2 z}{\partial x\partial y}=\cos(x+y)-x\sin(x+y)$$

例 15　设 $f(x,y)=\begin{cases} xy\dfrac{x^2-y^2}{x^2+y^2}, & (x,y)\neq(0,0) \\ 0, & (x,y)=(0,0)\end{cases}$，试求 $f_{xy}(0,0)$ 及 $f_{yx}(0,0)$.

解　因为 $f_x(0,0)=\lim\limits_{x\to 0}\dfrac{f(x,0)-f(0,0)}{x}=\lim\limits_{x\to 0}\dfrac{0-0}{x}=0.$

当 $y\neq 0$ 时,

$$f_x(0,y)=\lim_{x\to 0}\frac{f(x,y)-f(0,y)}{x}=\lim_{x\to 0}\frac{y(x^2-y^2)}{x^2+y^2}=-y$$

所以

$$f_{xy}(0,0)=\lim_{y\to 0}\frac{f_x(0,y)-f_x(0,0)}{y}=\lim_{y\to 0}\frac{-y-0}{y}=-1$$

同理, 有

$$f_y(0,0)=\lim_{y\to 0}\frac{f(0,y)-f(0,0)}{y}=0$$

当 $x\neq 0$ 时,

$$f_y(x,0)=\lim_{y\to 0}\frac{f(x,y)-f(x,0)}{y}=\lim_{y\to 0}\frac{x(x^2-y^2)}{x^2+y^2}=x$$

所以

$$f_{yx}(0,0)=\lim_{x\to 0}\frac{f_y(x,0)-f_y(0,0)}{x}=\lim_{x\to 0}\frac{x-0}{x}=1$$

例 16　$z=\dfrac{y}{x}\arcsin\dfrac{x}{y}$, 求证: $x\dfrac{\partial z}{\partial x}+y\dfrac{\partial z}{\partial y}=0.$

证　因为 $\dfrac{\partial z}{\partial x}=-\dfrac{y}{x^2}\arcsin\dfrac{x}{y}+\dfrac{y}{x}\cdot\dfrac{\frac{1}{y}}{\sqrt{1-\frac{x^2}{y^2}}}=-\dfrac{y}{x^2}\arcsin\dfrac{x}{y}+\dfrac{|y|}{x\sqrt{y^2-x^2}}$

所以

$$\frac{\partial z}{\partial y}=\frac{1}{x}\arcsin\frac{x}{y}+\frac{y}{x}\cdot\frac{-\frac{x}{y^2}}{\sqrt{1-\frac{x^2}{y^2}}}=\frac{1}{x}\arcsin\frac{x}{y}-\frac{|y|}{y\sqrt{y^2-x^2}}$$

$$x\frac{\partial z}{\partial x}+y\frac{\partial z}{\partial y}=-\frac{y}{x}\arcsin\frac{x}{y}+\frac{|y|}{\sqrt{y^2-x^2}}+\frac{y}{x}\arcsin\frac{x}{y}-\frac{|y|}{\sqrt{y^2-x^2}}=0$$

例 17　求曲线$\begin{cases} z=\dfrac{1}{4}(x^2+y^2) \\ y=4 \end{cases}$在点(2,4,5)处的切线与 x 轴正向所成的倾角.

解　因$\dfrac{\partial z}{\partial x}=\dfrac{2x}{4}=\dfrac{x}{2}$，故曲线$\begin{cases} z=\dfrac{1}{4}(x^2+y^2) \\ y=4 \end{cases}$在点(2, 4, 5)的切线斜率是$\dfrac{\partial z}{\partial x}\Big|_{(2,4,5)}=1$，所以切线与 x 轴正向所成的倾角 $\alpha=\arctan 1=\dfrac{\pi}{4}$.

8.3.4　求多元函数的全微分

例 18　求函数 $u=x^{yz}$ 的全微分.

解　因 $\dfrac{\partial u}{\partial x}=yzx^{yz-1}$，$\dfrac{\partial u}{\partial y}=zx^{yz}\ln x$，$\dfrac{\partial u}{\partial z}=yx^{yz}\ln x$ 且它们是连续的，故由全微分公式得

$$\mathrm{d}u=yzx^{yz-1}\mathrm{d}x+zx^{yz}\ln x\mathrm{d}y+yx^{yz}\ln x\mathrm{d}z$$

例 19　设 $z=\mathrm{e}^{\sin(xy)}$，求 $\mathrm{d}z$.

解　$\mathrm{d}z=\mathrm{e}^{\sin(xy)}\mathrm{d}[\sin(xy)]=\mathrm{e}^{\sin(xy)}\cos(xy)\mathrm{d}(xy)=\mathrm{e}^{\sin(xy)}\cos(xy)(y\mathrm{d}x+x\mathrm{d}y)$.

注：求全微分有两种方法，一种是先求 $\dfrac{\partial z}{\partial x},\dfrac{\partial z}{\partial y}$，再写出 $\mathrm{d}z=\dfrac{\partial z}{\partial x}\mathrm{d}x+\dfrac{\partial z}{\partial y}\mathrm{d}y$，另一种是直接利用全微分的四则运算法则及微分形式的不变性来求全微分.

例 20　计算 $\sqrt{(1.02)^3+(1.97)^3}$ 的近似值.

解　设 $f(x,y)=\sqrt{x^3+y^3}$，则

$$f_x(x,y)=\frac{3x^2}{2\sqrt{x^3+y^3}},\quad f_y(x,y)=\frac{3y^2}{2\sqrt{x^3+y^3}}$$

所以

$$\mathrm{d}f(x,y)=\frac{3}{2\sqrt{x^3+y^3}}(x^2\mathrm{d}x+y^2\mathrm{d}y)$$

取 $x=1, y=2, \mathrm{d}x=1.02-1=0.02, \mathrm{d}y=1.97-2=-0.03$，则有

$$\begin{aligned}\sqrt{(1.02)^3+(1.97)^3}&=f(1.02,1.97)\approx f(1,2)+\mathrm{d}f(1,2)\big|_{\substack{\mathrm{d}x=0.02\\ \mathrm{d}y=-0.03}}\\&=\sqrt{1^3+2^3}+\frac{3}{2\sqrt{1^3+2^3}}[1\times0.02+4\times(-0.03)]\\&=2.95\end{aligned}$$

例 21　设 $f(x,y)=\begin{cases}\dfrac{xy}{x^2+y^2}, & x^2+y^2\neq0\\ 0, & x^2+y^2=0\end{cases}$，证明 $f(x,y)$ 在 $(0,0)$ 处偏导数存在，但

不可全微分.

证
$$f_x(x,y)=\lim_{\Delta x\to 0}\frac{f(0+\Delta x,0)-f(0,0)}{\Delta x}=\lim_{\Delta x\to 0}\frac{0-0}{\Delta x}=0$$

同理，$f_y(0,0)=0$. 故 $f(x,y)$ 在 $(0,0)$ 处偏导数存在.

$$\lim_{\substack{x\to 0\\ y=kx\to 0}} f(x,y)=\lim_{\substack{x\to 0\\ y=kx\to 0}}\frac{xy}{x^2+y^2}=\lim_{x\to 0}\frac{kx^2}{x^2(1+k^2)}=\frac{k}{1+k^2}$$

即 $\lim\limits_{\substack{x\to 0\\ y\to 0}} f(x,y)$ 不存在，$f(x,y)$ 在 $(0,0)$ 处不连续，所以 $f(x,y)$ 在 $(0,0)$ 处不可全微分.

8.3.5　复合函数求偏导数

例 22　求下列各函数的导数.

(1) $z=\tan(3t+2x^2+y^3)$, $x=\frac{1}{t}$, $y=\sqrt{t}$；

(2) $z=x^2y-xy^2$, $x=u\cos v$, $y=u\sin v$;

(3) $z=\mathrm{e}^{uv}$, $u=\ln\sqrt{x^2+y^2}$, $v=\arctan\frac{y}{x}$；

(4) $z=f(x^2+y^2)$.

解　(1)
$$\frac{\mathrm{d}z}{\mathrm{d}t}=\frac{\partial f}{\partial t}+\frac{\partial f}{\partial x}\cdot\frac{\mathrm{d}x}{\mathrm{d}t}+\frac{\partial f}{\partial y}\cdot\frac{\mathrm{d}y}{\mathrm{d}t}$$
$$=\sec^2(3t+2x^2+y^3)\cdot 3+\sec^2(3t+2x^2+y^3)\cdot 4x\frac{-1}{t^2}$$
$$+\sec^2(3t+2x^2+y^3)\cdot 3y^2\cdot\frac{1}{2\sqrt{t}}$$
$$=\left(3-\frac{4}{t^3}+\frac{3}{2}\sqrt{t}\right)\sec^2\left(3t+\frac{2}{t^2}+t^{\frac{3}{2}}\right)$$

(2)
$$\frac{\partial z}{\partial u}=\frac{\partial z}{\partial x}\cdot\frac{\partial x}{\partial u}+\frac{\partial z}{\partial y}\cdot\frac{\partial y}{\partial u}$$
$$=(2xy-y^2)\cos v+(x^2-2xy)\sin v$$
$$=2u^2\sin v\cos^2 v-u^2\sin^2 v\cos v+u^2\sin v\cos^2 v-2u^2\sin^2 v\cos v$$
$$=3u^2\sin v\cos v(\cos v-\sin v)$$
$$\frac{\partial z}{\partial v}=\frac{\partial z}{\partial x}\cdot\frac{\partial x}{\partial v}+\frac{\partial z}{\partial y}\cdot\frac{\partial y}{\partial v}$$
$$=-(2xy-y^2)u\sin v+(x^2-2xy)u\cos v$$
$$=-2u^3\sin^2 v\cos v+u^3\sin^3 v+u^3\cos^3 v-2u^3\sin v\cos^2 v$$
$$=-2u^3\sin v\cos v(\sin v+\cos v)+u^3(\sin^3 v+\cos^3 v)$$

(3) $$\frac{\partial z}{\partial x}=\frac{\partial z}{\partial u}\cdot\frac{\partial u}{\partial x}+\frac{\partial z}{\partial v}\cdot\frac{\partial v}{\partial x}=ve^{uv}\cdot\frac{1}{\sqrt{x^2+y^2}}\cdot\frac{2x}{2\sqrt{x^2+y^2}}+ue^{uv}\cdot\frac{1}{1+\left(\frac{y}{x}\right)^2}\cdot\frac{-y}{x^2}$$

$$=\frac{e^{uv}}{x^2+y^2}(xv-yu)=\frac{e^{\ln\sqrt{x^2+y^2}\cdot\arctan\frac{y}{x}}}{x^2+y^2}\left(x\arctan\frac{y}{x}-y\ln\sqrt{x^2+y^2}\right)$$

$$\frac{\partial z}{\partial y}=\frac{\partial z}{\partial u}\cdot\frac{\partial u}{\partial y}+\frac{\partial z}{\partial v}\cdot\frac{\partial v}{\partial y}=ve^{uv}\frac{1}{\sqrt{x^2+y^2}}\cdot\frac{2y}{2\sqrt{x^2+y^2}}+ue^{uv}\cdot\frac{1}{1+\left(\frac{y}{x}\right)^2}\cdot\frac{1}{x}$$

$$=\frac{e^{uv}}{x^2+y^2}(yv+xu)=\frac{e^{\ln\sqrt{x^2+y^2}\cdot\arctan\frac{y}{x}}}{x^2+y^2}\left(x\arctan\frac{y}{x}+x\ln\sqrt{x^2+y^2}\right)$$

(4) 令 $u=x^2+y^2$, 则 $z=f(u)$, 且有

$$\frac{\partial z}{\partial x}=\frac{df}{du}\cdot\frac{\partial u}{\partial x}=f'(u)\cdot 2x=2xf'(x^2+y^2)$$

$$\frac{\partial z}{\partial y}=\frac{df}{du}\cdot\frac{\partial u}{\partial y}=f'(u)\cdot 2y=2yf'(x^2+y^2)$$

例 23　设 $z=\sin(xy)+\varphi\left(x,\frac{x}{y}\right)$, 求 $\frac{\partial^2 z}{\partial x\partial y}$, 其中 $\varphi(u,v)$ 有二阶偏导数.

解　$$\frac{\partial z}{\partial x}=y\cos(xy)+\varphi'_1+\varphi'_2\frac{1}{y}$$

$$\frac{\partial^2 z}{\partial x\partial y}=\cos(xy)-xy\sin(xy)+\varphi''_{12}\cdot\left(-\frac{x}{y^2}\right)+\left(-\frac{1}{y^2}\right)\cdot\varphi'_2+\frac{1}{y}\cdot\varphi''_{22}\cdot\left(-\frac{x}{y^2}\right)$$

$$=\cos(xy)-xy\sin(xy)-\frac{x}{y^2}\varphi''_{12}-\frac{1}{y^2}\varphi'_2-\frac{x}{y^3}\varphi''_{22}$$

例 24　利用全微分形式不变性求全微分.

(1) $z=(x^2+y^2)^{\sin(2x+y)}$;　　(2) $u=\frac{y}{f(x^2-y^2-z^2)}$, f 可微.

解　(1) 令 $u=x^2+y^2, v=\sin(2x+y)$, 则 $z=u^v$, 且有

$$dz=\frac{\partial z}{\partial u}du+\frac{\partial z}{\partial v}dv=vu^{v-1}d(x^2+y^2)+u^v\cdot\ln u\,d\sin(2x+y)$$

$$=vu^{v-1}(2xdx+2ydy)+u^v\ln u\cdot\cos(2x+y)d(2x+y)$$

$$=u^v\left[\frac{v}{u}\cdot 2(xdx+ydy)+\ln u\cdot\cos(2x+y)(2dx+dy)\right]$$

$$=(x^2+y^2)^{\sin(2x+y)}\left[\frac{2\sin(2x+y)}{x^2+y^2}(xdx+ydy)+\cos(2x+y)\ln(x^2+y^2)(2dx+dy)\right]$$

(2) $$du=\frac{1}{f}dy+y\cdot\frac{-1}{f^2}df=\frac{1}{f}dy-\frac{y}{f^2}f'(x^2-y^2-z^2)d(x^2-y^2-z^2)$$
$$=\frac{1}{f}dy-\frac{yf'(x^2-y^2-z^2)}{f^2}(2xdx-2ydy-2zdz)$$
$$=\frac{1}{f(x^2-y^2-z^2)}dy-\frac{2yf'(x^2-y^2-z^2)}{f^2(x^2-y^2-z^2)}(xdx-ydy-zdz)$$

例 25　求复合函数$u=f\left(\frac{y}{x},x^2y\right)$的二阶偏导数, 其中 f 具有连续的二阶偏导数.

解　$u'_x=f'_1\cdot\left(\frac{-y}{x^2}\right)+f'_2\cdot 2xy=-\frac{y}{x^2}f'_1+2xyf'_2$，$u'_y=f'_1\cdot\left(\frac{1}{x}\right)+f'_2\cdot x^2=\frac{1}{x}f'_1+x^2f'_2$

$$u''_{xx}=\left(\frac{-y}{x^2}f'_1\right)'_x+(2xyf'_2)'_x$$
$$=\frac{2y}{x^3}f'_1+\left(-\frac{y}{x^2}\right)\left[f''_{11}\left(-\frac{y}{x^2}\right)+f''_{12}(2xy)\right]+2yf'_2+2xy\left[f''_{21}\left(-\frac{y}{x^2}\right)+f''_{22}\cdot 2xy\right]$$
$$=\frac{y^2}{x^4}f''_{11}-\frac{4y^2}{x}f''_{12}+4x^2y^2f''_{22}+\frac{2y}{x^3}f'_1+2yf'_2$$

$$u''_{xy}=\left(\frac{-y}{x^2}f'_1\right)'_y+(2xyf'_2)'_y$$
$$=-\frac{1}{x^2}f'_1+\left(-\frac{y}{x^2}\right)\left[f''_{11}\left(\frac{1}{x}\right)+f''_{12}x^2\right]+2xf'_2+2xy\left[f''_{21}\left(\frac{1}{x}\right)+f''_{22}\cdot x^2\right]$$
$$=-\frac{y}{x^3}f''_{11}+yf''_{12}+2x^3yf''_{22}-\frac{1}{x^2}f'_1+2xf'_2$$

$$u''_{yy}=\frac{1}{x}(f'_1)'_y+x^2(f'_2)'_y=\frac{1}{x}\left(f''_{11}\cdot\frac{1}{x}+f''_{12}\cdot x^2\right)+x^2\left(f''_{21}\cdot\frac{1}{x}+f''_{22}x^2\right)$$
$$=\frac{1}{x^2}f''_{11}+2xf''_{12}+x^4f''_{22}$$

8.3.6　隐函数的求导公式

例 26　求下列隐函数的导数.

(1) 设 $e^{x+y}+xyz=e^x$, 求 z'_x, z'_y;

(2) 设 $\frac{x}{z}=\ln\frac{z}{y}$，求 $\frac{\partial z}{\partial x},\frac{\partial z}{\partial y}$.

解　(1) 设 $F(x,y,z)=e^{x+y}+xyz-e^x=0$，则

$$F'_x=e^{x+y}+yz-e^x,\quad F'_y=e^{x+y}+xz,\ F'_z=xy$$

故
$$z'_x=-\frac{F'_x}{F'_z}=\frac{e^x-e^{x+y}-yz}{xy},\quad z'_y=-\frac{F'_y}{F'_z}=-\frac{e^{x+y}+xz}{xy}$$

(2) 设 $F(x,y,z)=\frac{x}{z}-\ln\frac{z}{y}=0$,则

$$F_x'=\frac{1}{z},\quad F_y'=-\frac{y}{z}\cdot\frac{-z}{y^2}=\frac{1}{y},\quad F_z'=\frac{-x}{z^2}-\frac{y}{z}\cdot\frac{1}{y}=-\frac{x}{z^2}-\frac{1}{z}$$

故

$$\frac{\partial z}{\partial x}=-\frac{F_x'}{F_z'}=-\frac{\frac{1}{z}}{-\frac{x}{z^2}-\frac{1}{z}}=\frac{z}{x+z}$$

$$\frac{\partial z}{\partial y}=-\frac{F_y'}{F_z'}=-\frac{\frac{1}{y}}{-\frac{x}{z^2}-\frac{1}{z}}=\frac{z^2}{y(x+z)}$$

例 27　设 $x+z=yf(x^2-z^2)$, 其中 f 可微, 证明 $z\frac{\partial z}{\partial x}+y\frac{\partial z}{\partial y}=x$.

证　设 $F(x,y,z)=x+z-yf(x^2-z^2)$ ，则

$$F_x'=1-2xyf'(x^2-z^2)$$
$$F_y'=-f(x^2-z^2)$$
$$F_z'=1+2yzf'(x^2-z^2)$$

故

$$\frac{\partial z}{\partial x}=-\frac{F_x'}{F_z'}=\frac{2xyf'(x^2-z^2)-1}{1+2yzf'(x^2-z^2)}$$
$$\frac{\partial z}{\partial y}=-\frac{F_y'}{F_z'}=\frac{f(x^2-y^2)}{1+2yzf'(x^2-z^2)}$$

从而

$$\begin{aligned}z\frac{\partial z}{\partial x}+y\frac{\partial z}{\partial y}&=\frac{2xyzf'(x^2-z^2)-z}{1+2yzf'(x^2-z^2)}+\frac{yf(x^2-y^2)}{1+2yzf'(x^2-z^2)}\\&=\frac{2xyzf'(x^2-z^2)-z+yf(x^2-y^2)}{1+2yzf'(x^2-z^2)}\\&=\frac{2xyzf'(x^2-z^2)-z+x+z}{1+2yzf'(x^2-z^2)}\\&=\frac{x[2yzf'(x^2-z^2)+1]}{1+2yzf'(x^2-z^2)}=x\end{aligned}$$

例 28　设 $x=e^u\cos v,\ y=e^u\sin v,\ z=uv$,求 $\frac{\partial z}{\partial x}$ 及 $\frac{\partial z}{\partial y}$.

解法一　由 $x=e^u\cos v,\ y=e^u\sin v$ 得

$$u=\frac{1}{2}\ln(x^2+y^2),\quad v=\arctan\frac{y}{x},\quad z=uv$$

故

$$\frac{\partial z}{\partial x}=\frac{\partial z}{\partial u}\frac{\partial u}{\partial x}+\frac{\partial z}{\partial v}\frac{\partial v}{\partial x}=\frac{xv-yu}{x^2+y^2}=(v\cos v-u\sin v)\mathrm{e}^{-u}$$

$$\frac{\partial z}{\partial y}=\frac{\partial z}{\partial u}\frac{\partial u}{\partial y}+\frac{\partial z}{\partial v}\frac{\partial v}{\partial y}=\frac{yv+xu}{x^2+y^2}=(v\sin v+u\cos v)\mathrm{e}^{-u}$$

解法二 设方程组$\begin{cases}x=\mathrm{e}^u\cos v\\ y=\mathrm{e}^u\sin v\end{cases}$确定了函数$u=u(x,y),v=v(x,y)$，对方程组的两个方程关于$x$求偏导得

$$\begin{cases}1=\mathrm{e}^u\cos v\dfrac{\partial u}{\partial x}-\mathrm{e}^u\sin v\dfrac{\partial v}{\partial x}\\ 0=\mathrm{e}^u\sin v\dfrac{\partial u}{\partial x}+\mathrm{e}^u\cos v\dfrac{\partial v}{\partial x}\end{cases}$$

解方程组得

$$\begin{cases}\dfrac{\partial u}{\partial x}=\mathrm{e}^{-u}\cos v\\ \dfrac{\partial v}{\partial x}=-\mathrm{e}^{-u}\sin v\end{cases}$$

同理，方程组的两个方程关于y求偏导得

$$\begin{cases}0=\mathrm{e}^u\cos v\dfrac{\partial u}{\partial y}-\mathrm{e}^u\sin v\dfrac{\partial v}{\partial y}\\ 1=\mathrm{e}^u\sin v\dfrac{\partial u}{\partial y}+\mathrm{e}^u\cos v\dfrac{\partial v}{\partial y}\end{cases}$$

解方程组得

$$\begin{cases}\dfrac{\partial u}{\partial y}=\mathrm{e}^{-u}\sin v\\ \dfrac{\partial v}{\partial y}=\mathrm{e}^{-u}\cos v\end{cases}$$

从而

$$\frac{\partial z}{\partial x}=\frac{\partial z}{\partial u}\cdot\frac{\partial u}{\partial x}+\frac{\partial z}{\partial v}\frac{\partial v}{\partial x}=\mathrm{e}^{-u}(v\cos v-u\sin v)$$

$$\frac{\partial z}{\partial y}=\frac{\partial z}{\partial u}\cdot\frac{\partial u}{\partial y}+\frac{\partial z}{\partial v}\cdot\frac{\partial v}{\partial y}=\mathrm{e}^{-u}(v\sin v+u\cos v)$$

例 29 设$u=f(x,y,z)$有连续偏导数，$y=y(x)$和$z=z(x)$分别由方程$\mathrm{e}^{xy}-y=0$和$\mathrm{e}^z-xz=0$确定，求$\dfrac{\mathrm{d}u}{\mathrm{d}x}$.

解　方程 $e^{xy}-y=0$ 两边对 x 求导得

$$e^{xy}\left(y+x\frac{dy}{dx}\right)-\frac{dy}{dx}=0$$

解得

$$\frac{dy}{dx}=\frac{ye^{xy}}{1-xe^{xy}}=\frac{y^2}{1-xy}$$

方程 $e^z-xz=0$ 两边对 x 求导得

$$e^z\frac{dz}{dx}-z-x\frac{dz}{dx}=0$$

解得

$$\frac{dz}{dx}=\frac{z}{e^z-x}=\frac{z}{xz-x}$$

从而 $\dfrac{du}{dx}=f_x'+f_y'\dfrac{dy}{dx}+f_z'\dfrac{dz}{dx}=f_x'+\dfrac{y^2f_y'}{1-xy}+\dfrac{zf_z'}{xz-x}$.

例 30　求由 $e^z-xyz=0$ 所确定的 $z=f(x,y)$的所有二阶偏导数.

解　设 $F(x,y,z)=e^z-xyz=0$，则

$$F_x'=-yz,\quad F_y'=-xz,\quad F_z'=e^z-xy$$

于是

$$\frac{\partial z}{\partial x}=\frac{yz}{e^z-xy}=\frac{z}{xz-x}$$

$$\frac{\partial z}{\partial y}=\frac{xz}{e^z-xy}=\frac{z}{yz-y}$$

从而

$$\frac{\partial^2 z}{\partial x^2}=\frac{(xz-x)\dfrac{\partial z}{\partial x}-z\left(z+x\dfrac{\partial z}{\partial x}-1\right)}{(xz-x)^2}=\frac{z-z\left(z-1+\dfrac{z}{z-1}\right)}{x^2(z-1)^2}=\frac{2z^2-2z-z^3}{x^2(z-1)^3}$$

$$\frac{\partial^2 z}{\partial y^2}=\frac{(yz-y)\dfrac{\partial z}{\partial y}-z\left(z+y\dfrac{\partial z}{\partial y}-1\right)}{(yz-y)^2}=\frac{z-z\left(z-1+\dfrac{z}{z-1}\right)}{y^2(z-1)^2}=\frac{2z^2-2z-z^3}{y^2(z-1)^3}$$

$$\frac{\partial^2 z}{\partial x\partial y}=\frac{(xz-x)\dfrac{\partial z}{\partial y}-z\left(x\dfrac{\partial z}{\partial y}\right)}{(xz-x)^2}=\frac{\dfrac{z}{y}-\dfrac{z^2}{y(z-1)}}{x(z-1)^2}=\frac{z(z-1)-z^2}{xy(z-1)^3}=\frac{-z}{xy(z-1)^3}$$

8.3.7　求二(多)元函数的极值和最值

例 31　求函数 $f(x,y)=e^{2x}(x+2y+y^2)$ 的极值.

解 解方程组$\begin{cases} f'_x(x,y)=e^{2x}(2x+2y^2+4y+1)=0 \\ f'_y(x,y)=e^{2x}(2y+2)=0 \end{cases}$，得驻点$x=\dfrac{1}{2}, y=-1$. 因

$$A=f''_{xx}\left(\frac{1}{2},-1\right)=2e>0,\ C=f''_{yy}\left(\frac{1}{2},-1\right)=2e>0,\ B=f''_{xy}\left(\frac{1}{2},-1\right)=0$$

可知$B^2-AC=-4e^2<0$，故$\left(\dfrac{1}{2},\ -1\right)$为极值点. 又由于$A>0$，所以$\left(\dfrac{1}{2},\ -1\right)$为极小值点，其极小值为 $f\left(\dfrac{1}{2},-1\right)=-\dfrac{e}{2}$.

例 32 求函数$z=x^3-4x^2+2xy-y^2$在闭区域D: $-1\leqslant x\leqslant 4, -1\leqslant y\leqslant 1$上的最大值和最小值.

解 由方程$\begin{cases} z_x{}'=3x^2-8x+2y=0 \\ z_y{}'=2x-2y=0 \end{cases}$得驻点(0,0), (2,2).

因为$(2, 2)\notin D$，所以应该舍去，$f(0,0)=0$ (可由充分条件判别知是极大值).

闭区域D的边界可分为四部分:

$$L_1: x=-1, -1\leqslant y\leqslant 1.\quad L_2: y=-1, -1\leqslant x\leqslant 4$$
$$L_3: x=4, -1\leqslant y\leqslant 1.\quad L_4: y=1, -1\leqslant x\leqslant 4$$

在L_1上，$f(-1,y)=-5-2y-y^2=\varphi(y),\ -1\leqslant y\leqslant 1$.

因为$\varphi'(y)=-2(y+1)\leqslant 0$，所以$\varphi(y)$单调递减，$\varphi(-1)=-4$是最大值，$\varphi(1)=-8$是最小值.

在L_2上，$f(x,-1)=x^3-4x^2-2x-1=g(x),\ -1\leqslant x\leqslant 4$.

令$g'(x)=0$得$x_1=\dfrac{4-\sqrt{22}}{3}, x_2=\dfrac{4+\sqrt{22}}{3}$. 而

$$\min\{g(-1),g(x_1),g(x_2),g(4)\}=g(x_2)=\frac{-44\sqrt{22}-227}{27}$$
$$\max\{g(-1),g(x_1),g(x_2),g(4)\}=g(x_1)=\frac{44\sqrt{22}-227}{27}$$

分别是$f(x,y)$在L_2上的最小值与最大值.

类似讨论可得: 在L_3上$f(4,1)=7, f(4,-1)=-9$分别是$f(x,y)$的最大值与最小值; 在L_4上$f(4,1)=7, f(-1,1)=-8$分别是$f(x,y)$的最大值与最小值.

比较$f(x,y)$在内部驻点(0, 0)与整个边界上函数值的情况得到$f(4,1)=7$是函数$f(x,y)$在闭区域D上的最大值，$f\left(\dfrac{4+\sqrt{22}}{3},-1\right)=\dfrac{-44\sqrt{22}-227}{27}\approx -16.1$是闭区域$D$上的最小值.

例 33　把正数 a 分解成三个正数之和, 使它们的乘积最大.

解　设三个正数为 x,y,z ,则要求函数 $u=xyz$ 在条件 $x+y+z=a(x>0,y>0,z>0)$ 下的极值.

先构造拉格朗日函数

$$F(x,y,z)=xyz+\lambda(x+y+z-a)$$

解方程组

$$\begin{cases} F_x'=yz+\lambda=0 \\ F_y'=xz+\lambda=0 \\ F_z'=xy+\lambda=0 \\ x+y+z=a \end{cases}$$

得

$$x=y=z=\frac{a}{3}$$

而 $u=xy(a-x-y)$, 由二元函数极值判定的充分条件知, $x=y=\frac{a}{3}$ 时取极大值, 所以当 $x=y=z=\frac{a}{3}$ 时, 乘积 xyz 有最大值, 为 $u=\frac{a^3}{27}$.

例 34　设生产某种产品的数量 $f(x,y)$ 与所用甲、乙两种原料的数量 x,y 之间有关系式 $f(x,y)=0.005x^2y$. 已知甲、乙两种原料的单价分别为 1 元, 2 元, 现用 150 元购料, 问购进两种原料各多少, 使产量 $f(x,y)$ 最大?最大产量是多少?

解　依题意知要求函数 $f(x,y)=0.005\,x^2y$ 在条件 $x+2y=150$ 下的极值, 为此, 先构造拉格朗日函数:

$$F(x,y)=0.005x^2y+\lambda(x+2y-150)$$

解方程组

$$\begin{cases} F_x'=0.01xy+\lambda=0 \\ F_y'=0.005x^2+2\lambda=0 \\ x+2y=150 \end{cases}$$

得

$$\begin{cases} x=100 \\ y=25 \end{cases} \quad 或 \quad \begin{cases} x=0 \\ y=75 \end{cases} (依题意, 舍去)$$

所以驻点为(100, 25). 由问题实际意义知, 函数的最值一定存在, 故当 $x=100, y=25$ 时, 产量 $f(x,y)$ 最大, 最大产量为 $f(100,25)=1250$.

8.4 A组练习题

8.4.1 空间解析几何简介

1. 判断题.

(1) 第四卦限内(不在坐标面上)点的坐标符号为(+, –, +). ( )

(2) 第六卦限内(不在坐标面上)点的坐标符号为(–, +, –). ( )

(3) 以三点 $A(4,1,9), B(10,-1,6), C(2,4,3)$ 为顶点的三角形是等腰直角三角形. ( )

(4) 在空间直角坐标系中, 方程 $x^2+y^2=R^2$ 表示一个圆. ( )

(5) 方程 $F(x,y)=0$ 在空间直角坐标系中表示母线平行 z 轴的柱面. ( )

(6) 两平面 $2x+3y-z=1$ 与 $-4x-6y+2z=7$ 是平行的. ( )

(7) 过三点 $(a,0,0),(0,b,0),(0,0,c)$ (其中 $abc\neq 0$)的平面方程为 $\frac{x}{a}+\frac{y}{b}+\frac{z}{c}=1$. ( )

(8) $y=x+1$ 在平面解析几何中表示斜率与截距均为 1 的一条直线, 而在空间解析几何中则表示平行于 z 轴的平面. ( )

2. 填空题.

(1) 说出下列曲面的名称.

$x^2+2y^2+3z^2=6$ ________; $x^2-y^2-z^2=1$ ________;

$x^2+y^2=\frac{z^2}{9}$ ________; $x^2+y^2=4z$ ________;

$x^2+y^2-\frac{z^2}{9}=1$ ________; $x^2-y^2=4z$ ________;

$\frac{x^2}{a^2}+\frac{y^2}{b^2}=z$ ________; $\frac{x^2}{a^2}+\frac{y^2}{b^2}=1$ ________;

(2) 旋转曲面 $\frac{x^2}{2}+\frac{y^2}{2}-\frac{z^2}{3}=0$ 的旋转轴是________.

(3) 已知球面方程 $x^2+y^2+z^2-2x-4y+6z+10=0$, 则球心为________, 半径为________.

(4) 以点 $(1,3,-2)$ 为球心, 且通过坐标原点的球面方程为________.

(5) 平面的一般方程为 $Ax+By+Cz+D=0$, 若平面经过原点, 则其方程可简化为________; 若平面经过 x 轴, 则其方程可简化为________; 当平面既经过 x 轴, 又经过 y 轴, 则其方程必为________.

3. 求到两定点 $(-5,0,0)$、$(5,0,0)$ 的距离之和等于 20 的点的轨迹方程.

4. 指出下列方程在平面直角坐标系和空间直角坐标系中分别表示什么图形?

(1) $x+y=2$; (2) $x^2-y^2=1$; (3) $x^2+3=3y$.

5. 试求到球面 Σ_1: $x^2+y^2+z^2-8x+7=0$ 与 Σ_2: $x^2+y^2+z^2+2x+2y+2z-1=0$ 的球心距离之比为 3:2 的点的轨迹，并指出曲面类型.

6. 已知球面过点(0, 0, 0)、(1, −1, 1)、(1, 2, −1)和(2, 3, 0)，求此球面方程.

7. 求曲线 $c:\begin{cases}x^2+y^2+z^2=4\\x^2+y^2=z^2\end{cases}$ 在 xOy 面上投影的方程，问它是 xOy 面上的怎样一条曲线？

8. 画出下列曲面所围成的立体图:

(1) $\dfrac{x}{3}+\dfrac{y}{2}+z=1$ 与三个坐标面； (2) $z=\sqrt{a^2-x^2-y^2}$ 与 $z=\sqrt{x^2+y^2}$ ($a>0$).

9. 设原点到平面 $\dfrac{x}{a}+\dfrac{y}{b}+\dfrac{z}{c}=1$ 的距离为 p，证明 $\dfrac{1}{a^2}+\dfrac{1}{b^2}+\dfrac{1}{c^2}=\dfrac{1}{p^2}$.

10. 将 xOy 坐标面上的双曲线 $4x^2-9y^2=36$ 分别绕 x 轴和 y 轴旋转一周，求所生成的旋转曲面的方程.

11. 求曲线 $c:\begin{cases}x^2+y^2+z^2=1\\x^2+(y-1)^2+(z-1)^2=1\end{cases}$ 在 yOz 平面上的投影曲线和投影柱面方程.

12. 求下列平面方程.

(1) 过点 $A(2, 3, 0)$和点 $B(-2, 1, 0)$并和 z 轴平行;

(2) 平行于平面 $7x-3y+z-5=0$ 并过点(1, −2, 3);

(3) 求过点 $(6,2,-4)$，且在三坐标轴上有相等的非零截距的平面方程;

(4) 求过三点 $(1,1,1)$、$(-2,-2,2)$、$(1,-1,1)$ 的平面方程.

13. 设平面过点 $(1,2,-1)$，且在 x 轴和 z 轴上的截距等于 y 轴上的截距的两倍，求此平面方程.

8.4.2 多元函数的基本概念

1. 判断题.

(1) 若 $\lim\limits_{\substack{x\to0\\y=kx\to0}} f(x,y)=A$，对任意常数 k 都成立，则 $\lim\limits_{(x,y)\to(0,0)} f(x,y)=A$. ( )

(2) 若一元函数 $f(x_0,y)$ 在 y_0 处连续，$f(x,y_0)$ 在 x_0 处连续，则二元函数 $f(x,y)$ 在点 (x_0,y_0) 处连续. ( )

(3) $\lim\limits_{\substack{x\to0\\y\to0}}\dfrac{(xy)^2}{x^2+y^2}=0$. ( )

2. 填空题.

(1) 函数 $\varphi_1(x,y)=\sqrt{\cos x-1}+\sqrt{\cos y-1}$ 的定义域为__________;

$\varphi_2(x,y)=\sqrt{4-x^2-y^2}+\ln(x^2+y^2-1)$ 的定义域为__________.

(2) $\lim\limits_{(x,y)\to(0,0)}\dfrac{\sin(x+y)}{x+y}=$__________.

(3) $\lim\limits_{\substack{x\to 0\\ y\to a}}\dfrac{\sin(xy)}{x}=$__________; $\lim\limits_{\substack{x\to 0\\ y\to \frac{1}{2}}}\arcsin\sqrt{x^2+y^2}=$__________.

3. 选择题.

(1) 函数 $z=\dfrac{1}{\sqrt{\ln(x+y)}}$ 的定义域为(　　).

A. $x+y>0$　　B. $\ln(x+y)\neq 0$　　C. $x+y>1$　　D. $x+y\neq 1$

(2) 设 $f(x+y,x-y)=x^2-y^2$，则 $f(x,y)=$(　　).

A. x^2-y^2　　B. x^2+y^2　　C. $(x-y)^2$　　D. xy

(3) 求 $\lim\limits_{\substack{x\to 0\\ y\to 0}}\dfrac{x^3+y^4}{x^2+y^2}=$(　　).

A. 0　　B. 1　　C. ∞　　D. 不存在

4. 求下列函数在指定点的值.

(1) $f(x,y)=\begin{cases}1, & x\geqslant y\\ 0, & x<y\end{cases}$，求 $f(1,0),f(0,0),f(0,1),f(1,1)$；

(2) $f(x,y)=\dfrac{2xy}{x^2+y^2}$，求 $f\left(1,\dfrac{y}{x}\right)$.

5. 试证函数 $F(x,y)=\ln x\cdot\ln y$，满足关系式

$$F(xy,uv)=F(x,u)+F(x,v)+F(y,u)+F(y,v)$$

6. 求下列各极限.

(1) $\lim\limits_{\substack{x\to 0\\ y\to 0}}\dfrac{1-\cos(x^2+y^2)}{(x^2+y^2)x^2y^2}$；　　(2) $\lim\limits_{\substack{x\to \infty\\ y\to a}}\left(1+\dfrac{1}{x}\right)^{\frac{x^2}{x+y}}$.

7. 下列函数在何处间断?

(1) $z=\ln(x^2+y^2)$；　　(2) $z=\dfrac{1}{y^2-2x}$.

8. 证明下列极限不存在.

(1) $\lim\limits_{\substack{x\to 0\\ y\to 0}}\dfrac{x^3y}{x^6+y^2}$；　　(2) $\lim\limits_{\substack{x\to 0\\ y\to 0}}\dfrac{x^2y^2}{x^2y^2+(x-y)^2}$.

9. 讨论下列函数在定义域内的连续性.

(1) $f(x,y)=\begin{cases}\dfrac{xy}{\sqrt{x^2+y^2}}, & x^2+y^2\neq 0\\ 0, & x^2+y^2=0\end{cases}$；

(2) $f(x,y)=\begin{cases}\dfrac{\sin(xy)}{y}, & y\neq 0\\ 0, & y=0\end{cases}$;

(3) $f(x,y)=\begin{cases}\dfrac{xy(x^2-y^2)}{x^2+y^2}, & (x,y)\neq(0,0)\\ 0, & (x,y)=(0,0)\end{cases}$.

10. 试确定α的范围, 使得

$$\lim_{\substack{x\to 0\\ y\to 0}}\frac{(|x|+|y|)^{\alpha}}{x^2+y^2}=0$$

8.4.3 偏导数及其在经济中的应用

1. 填空题.

(1) 设$z=\mathrm{e}^{-x}-f(x-2y)$, 且当$y=0$时, $z=x^2$, 则$\dfrac{\partial z}{\partial x}=$____________.

(2) 设$u=\mathrm{e}^{-x}\sin\dfrac{x}{y}$, 则$\dfrac{\partial^2 z}{\partial x\partial y}$在点$\left(2,\dfrac{1}{\pi}\right)$处的值为____________.

(3) 设$z=\ln\left(\sqrt{x}+\sqrt{y}\right)$, 则$x\dfrac{\partial z}{\partial x}+y\dfrac{\partial z}{\partial y}=$____________.

(4) $z=xy+u$, $u=\varPhi(x,y)$, 则$\dfrac{\partial z}{\partial x}=$____________.

2. 选择题.

(1) 设 $z=f(x,y)$ 在点 (x,y) 处的二阶偏导数 $f''_{xy}(x,y)$ 及 $f''_{yx}(x,y)$ 都存在, 则 $f''_{xy}(x,y)$ 及 $f''_{yx}(x,y)$ 在点 (x,y) 处连续是 $f''_{xy}(x,y)=f''_{yx}(x,y)$ 的(　　).

A. 充分非必要条件　　B. 必要非充分条件

C. 充分必要条件　　D. 既非充分也非必要条件

(2) 使$\dfrac{\partial^2 u}{\partial x\partial y}=2x-y$成立的函数有(　　).

A. $u=x^2y-\dfrac{xy^2}{2}$　　B. $u=2x^2y-\dfrac{xy^2}{2}-5$

C. $u=2x^2y-\dfrac{xy^2}{2}+\mathrm{e}$　　D. $u=4x^2y-\dfrac{xy^2}{2}$

(3) 设$f(x+y,x-y)=x^2-y^2$, 则$\dfrac{\partial f(x,y)}{\partial x}+\dfrac{\partial f(x,y)}{\partial y}=$(　　).

A. $x-y$　　B. $x+y$　　C. $2(x+y)$　　D. $2(x-y)$

(4) $z=(2x+y)^y$,则$\left.\dfrac{\partial z}{\partial x}\right|_{(0,1)}=$(　　).

A. 1　　B. 2　　C. 3　　D. 0

3. 设函数 $z=\begin{cases}\dfrac{xy^2}{x^2+y^4}, & x^2+y^2\neq 0\\ 0, & x^2+y^2=0\end{cases}$,试判断它在点(0, 0)处的偏导数是否存在?

4. 求下列函数的一阶偏导数.

(1) $u=\arctan(x-y)^z$,求 $\dfrac{\partial u}{\partial x},\dfrac{\partial u}{\partial y},\dfrac{\partial u}{\partial z}$;

(2) $u=\left(\dfrac{x}{y}\right)^z$,求 $\dfrac{\partial u}{\partial x},\dfrac{\partial u}{\partial y},\dfrac{\partial u}{\partial z}$;

(3) $z=(1+xy)^y$,求 $\dfrac{\partial z}{\partial x},\dfrac{\partial z}{\partial y}$;

(4) $u=x^{y^z}$,求 $\dfrac{\partial u}{\partial x},\dfrac{\partial u}{\partial y},\dfrac{\partial u}{\partial z}$.

5. 已知 $z=\begin{cases}\dfrac{xy}{\sqrt{x^2+y^2}}, & x^2+y^2\neq 0\\ 0, & x^2+y^2=0\end{cases}$,求 $\dfrac{\partial z}{\partial x},\dfrac{\partial z}{\partial y}$.

6. 证明 $u=\dfrac{1}{\sqrt{x^2+y^2+z^2}}$ 满足拉普拉斯方程 $\dfrac{\partial^2 u}{\partial x^2}+\dfrac{\partial^2 u}{\partial y^2}+\dfrac{\partial^2 u}{\partial z^2}=0$.

7. 设函数 $g(r)$ 有二阶导数,$f(x,y)=g(r)$,$r=\sqrt{x^2+y^2}$,证明

$$\frac{\partial^2 f}{\partial x^2}+\frac{\partial^2 f}{\partial y^2}=g''(r)+\frac{1}{r}g'(r),\ (x,y)\neq(0,0)$$

8. 验证下列等式成立.

(1) $y=\mathrm{e}^{-kn^2t}\sin(nx)$ 满足 $\dfrac{\partial y}{\partial t}=k\dfrac{\partial^2 y}{\partial x^2}$;

(2) $r=\sqrt{x^2+y^2+z^2}$ 满足 $\dfrac{\partial^2 r}{\partial x^2}+\dfrac{\partial^2 r}{\partial y^2}+\dfrac{\partial^2 r}{\partial z^2}=\dfrac{2}{r}$.

8.4.4 全微分

1. 判断题.

(1) 若函数 $u(x,y)$ 在点 $P(1,8)$ 邻域内有连续偏导数,且 $u_x(1,8)=1, u_y(1,8)=8$,则此函数在该点处的全微分 $\mathrm{d}u|_P=\mathrm{d}x+8\mathrm{d}y$. ( )

(2) 若函数 $f(x,y)$ 在点 $P(x_0,y_0)$ 处不连续,则 $f(x,y)$ 必在 $P(x_0,y_0)$ 处不可微. ( )

(3) 若 $f(x,y)$ 在点 $P(x_0,y_0)$ 处可微,则 $f(x,y)$ 在该点处的两个偏导数必存在. ( )

2. 选择题.

(1) 下列命题中,正确的是( ).

A. 若 (x_0,y_0) 是函数 $z=f(x,y)$ 的驻点，则 $z=f(x,y)$ 必在 (x_0,y_0) 取得极值

B. 若函数 $z=f(x,y)$ 在 (x_0,y_0) 取得极值，则 (x_0,y_0) 必是 $z=f(x,y)$ 的驻点

C. 若函数 $z=f(x,y)$ 在 (x_0,y_0) 处可微，则 (x_0,y_0) 必是 $z=f(x,y)$ 的连续点

D. 若函数 $z=f(x,y)$ 在 (x_0,y_0) 处偏导数存在，则 $z=f(x,y)$ 在 (x_0,y_0) 处必连续

(2) 对于二元函数 $z=f(x,y)$，下列描述正确的是(　　).

A. 若偏导数不连续，则全微分不存在

B. 若偏导数连续，则全微分必存在

C. 若全微分存在，则偏导数连续

D. 若全微分存在，则偏导数不一定存在

(3) 二元函数 $z=f(x,y)$ 在点 (x_0,y_0) 处具有两个偏导数 $f'_x(x_0,y_0),f'_y(x_0,y_0)$ 是函数在该点存在全微分的(　　).

A. 充分条件　　B. 充要条件

C. 必要条件　　D. 既非充分也非必要条件

(4) 已知函数 $F(x,y)(y\mathrm{d}x+x\mathrm{d}y)$ 为某一函数 $f(x,y)$ 的全微分，且 $F(x,y)$ 有连续二阶偏导，则(　　).

A. $\dfrac{\partial F}{\partial x}=\dfrac{\partial F}{\partial y}$　　B. $x\dfrac{\partial F}{\partial y}=y\dfrac{\partial F}{\partial x}$

C. $x\dfrac{\partial F}{\partial x}=-y\dfrac{\partial F}{\partial y}$　　D. $x\dfrac{\partial F}{\partial x}=y\dfrac{\partial F}{\partial y}$

(5) 函数 $z=f(x,y)$ 在点 (x_0,y_0) 处可微的充要条件是(　　).

A. $f(x,y)$ 在 (x_0,y_0) 处连续

B. $f(x,y)$ 在 (x_0,y_0) 处偏导数存在

C. $\lim\limits_{\rho\to0}\left[\Delta z-f'_x(x_0,y_0)\Delta x-f'_y(x_0,y_0)\Delta y\right]=0$，其中 $\rho=\sqrt{(\Delta x)^2+(\Delta y)^2}$

D. $\lim\limits_{\rho\to0}\dfrac{\Delta z-f'_x(x_0,y_0)\Delta x-f'_y(x_0,y_0)\Delta y}{\rho}=0$，其中 $\rho=\sqrt{(\Delta x)^2+(\Delta y)^2}$

3. 求下列函数的全微分.

(1) $z=\dfrac{x+y}{x-y}$；　　(2) $u=x^{yz}$；

(3) $z=(x^2+y^2)\mathrm{e}^{-\arctan\frac{y}{x}}$；　　(4) $z=\sqrt{\dfrac{ax+by}{ax-by}}$.

4. 已知 $\mathrm{d}f(x,y)=(x^2+2xy-y^2)\mathrm{d}x+(x^2-2xy-y^2)\mathrm{d}y$，求 $f(x,y)$.

5. 设函数 $z=f(x,y)=|x-y|g(x,y)$，其中，函数 $g(x,y)$ 在点(0,0)的邻域内连续.

(1) 确定函数 $g(x,y)$ 满足的条件，使偏导数 $f_x(0,0)$、$f_y(0,0)$ 都存在;

(2) 在上述确定条件下，讨论函数 $z=f(x,y)$ 在点(0,0)处的可微性.

6. 讨论函数 $f(x,y)=\begin{cases}(x^2+y^2)\sin\dfrac{1}{\sqrt{x^2+y^2}}, & x^2+y^2\neq 0\\ 0, & x^2+y^2=0\end{cases}$ 在点(0, 0)处的连续性、偏导数的存在性、可微性及偏导数的连续性.

7. 假设 x,y 的绝对值都很小, 证明有下面的近似公式成立:

$$(1+x)^m(1+y)^n\approx 1+mx+ny$$

并利用上述结论计算 $1001^{\frac{1}{3}}\times 1.01^6$ 的近似值.

8.4.5 多元复合函数求导法则

1. 填空题.

(1) 设 $z=x^{xy}$, 则 $\dfrac{\partial z}{\partial x}=$__________.

(2) 设 $z=f(x,y,t)=2x^2-y+\mathrm{e}^t$, 其中, $x=\dfrac{1}{t},y=\sqrt{t}$, 则 $\dfrac{\partial f}{\partial t}=$__________; $\dfrac{\mathrm{d}z}{\mathrm{d}t}=$__________.

(3) 设 $z=xy+u,u=\phi(x,y)$, 则 $\dfrac{\partial^2 z}{\partial x^2}=$__________; $\dfrac{\partial^2 z}{\partial x\partial y}=$__________.

(4) 设 $z=\mathrm{e}^{-x}-f(x-2y)$, 且当 $y=0$ 时, $z=x^2$, 则 $\dfrac{\partial z}{\partial x}=$__________.

(5) 设 $u=f(x^2+y^2+z^2)$, 则 $\dfrac{\partial^2 u}{\partial x\partial y}=$__________.

(6) 函数 $f(u,v)$ 由关系式 $f[xg(y),y]=x+g(y)$ 确定, 其中, 函数 $g(y)$ 可微, 且 $g(y)\neq 0$, 则 $\dfrac{\partial^2 f}{\partial u\partial v}=$__________.

(7) $z=f(x^2+y^2)$, f 是可微函数, 则 $y\dfrac{\partial z}{\partial x}-x\dfrac{\partial z}{\partial y}=$__________.

(8) 设 $z=(x+\mathrm{e}^y)^x$, 则 $\left.\dfrac{\partial z}{\partial x}\right|_{(1,0)}=$__________.

(9) 设 $z=\left(1+\dfrac{x}{y}\right)^{\frac{x}{y}}$, 则 $\mathrm{d}z\big|_{(1,1)}=$__________.

(10) 设 $z=f\left(xy,\dfrac{x}{y}\right)+g\left(\dfrac{y}{x}\right)$, 其中, f、g 均可微, 则 $\dfrac{\partial z}{\partial x}=$__________.

2. 求下列各函数的偏导数.

(1) $z=\mathrm{e}^{uv}$, $u=\ln\sqrt{x^2+y^2}$, $v=\arctan\dfrac{y}{x}$;

(2) $u=f\left(\dfrac{x}{y},\dfrac{y}{z}\right)$；

(3) $z=(3x^2+y^2)^{4x+2y}$.

3. 设$z=\sin(xy)+\varphi\left(x,\dfrac{x}{y}\right)$，求$\dfrac{\partial^2 z}{\partial x\partial y}$，其中，$\varphi(u, v)$有二阶偏导数.

4. 设$u=xyze^{x+y+z}$，求$\dfrac{\partial^{120}u}{\partial x^{30}\partial y^{40}\partial z^{50}}$.

5. 求复合函数$u=f\left(\dfrac{y}{x},x^2y\right)$的二阶偏导数，其中，$f$具有连续的二阶偏导数.

6. 设$f(u,v)$有二阶连续偏导数，且满足$\dfrac{\partial^2 f}{\partial u^2}+\dfrac{\partial^2 f}{\partial v^2}=1$，又$g(x,y)=f\left[xy,\dfrac{1}{2}(x^2-y^2)\right]$，求$\dfrac{\partial^2 g}{\partial x^2}+\dfrac{\partial^2 g}{\partial y^2}$.

7. 设$f(u)$有二阶连续导数，且$g(x,y)=f\left(\dfrac{y}{x}\right)+xf\left(\dfrac{x}{y}\right)$，求$x^2\dfrac{\partial^2 g}{\partial x^2}-y^2\dfrac{\partial^2 g}{\partial y^2}$.

8. 设$f(x)$有二阶导数，$g(x)$有一阶导数，且$F(x,y)=f[x+g(y)]$，求证:

$$\frac{\partial F}{\partial x}\cdot\frac{\partial^2 F}{\partial x\partial y}=\frac{\partial F}{\partial y}\cdot\frac{\partial^2 F}{\partial x^2}$$

9. 设$z=f(u)$，方程$u=\varphi(u)+\int_y^x p(t)\mathrm{d}t$确定$u=u(x,y)$，其中，$f(u)$、$\varphi(u)$可微，$\varphi'(u)$连续，且$\varphi'(u)\neq 1$，求$p(y)\dfrac{\partial z}{\partial x}+p(x)\dfrac{\partial z}{\partial y}$.

10. 设$f(x,y)=\int_0^{xy}e^{-t^2}\mathrm{d}t$，求$\dfrac{x}{y}\dfrac{\partial^2 f}{\partial x^2}-2\dfrac{\partial^2 f}{\partial x\partial y}+\dfrac{y}{x}\dfrac{\partial^2 f}{\partial y^2}$.

11. 设$u=f(x,y)$的所有二阶偏导数连续，而

$$x=\frac{s-\sqrt{3}t}{2},\quad y=\frac{\sqrt{3}s+t}{2}$$

证明: $\left(\dfrac{\partial u}{\partial x}\right)^2+\left(\dfrac{\partial u}{\partial y}\right)^2=\left(\dfrac{\partial u}{\partial s}\right)^2+\left(\dfrac{\partial u}{\partial t}\right)^2$；$\dfrac{\partial^2 u}{\partial x^2}+\dfrac{\partial^2 u}{\partial y^2}=\dfrac{\partial^2 u}{\partial s^2}+\dfrac{\partial^2 u}{\partial t^2}$.

8.4.6　隐函数的求导公式

1. 填空题.

(1) 设$F(x,y)=\ln\sqrt{x^2+y^2}-\arctan\dfrac{y}{x}$，由$F(x,y)=0$确定隐函数$y=f(x)$，则$F'_x=$ __________；$F'_y=$ __________；$\dfrac{\mathrm{d}y}{\mathrm{d}x}=$ __________.

(2) 设 $y=x^y$，则 $\dfrac{\mathrm{d}y}{\mathrm{d}x}=$____________.

(3) 设 $f(x,y,z)=yz^2\mathrm{e}^x$，其中 $z=z(x,y)$ 由 $x+y+z+xyz=0$ 确定，则 $f_x'(0,1,-1)=$ ____________.

(4) 设函数 $z=z(x,y)$ 由方程 $z=\mathrm{e}^{2x-3z}+2y$ 确定，则 $3\dfrac{\partial z}{\partial x}+\dfrac{\partial z}{\partial y}=$____________.

(5) 设函数$f(x,y,z)=xy^2+yz^2+zx^2$,则$f_x'(2,0,1)=$____________.

2. 设 $x^2+z^2=y\varphi\left(\dfrac{z}{y}\right)$，其中 φ 为可微函数，求 $\dfrac{\partial z}{\partial y}$.

3. 设由方程 $F(x+y+z,x^2+y^2+z^2)=0$ 确定 $z=z(x,y)$，F 具有一阶连续偏导数，求 $\dfrac{\partial z}{\partial x}$，$\dfrac{\partial z}{\partial y}$.

4. 设 $z=z(x,y)$ 是由方程 $z^5-xz^4+yz^3=1$ 确定的隐函数，求 $\left.\dfrac{\partial^2 z}{\partial x\partial y}\right|_{(0,0)}$.

5. 设 $z=z(x,y)$ 是由方程 $x-az=f(y-bz)$ 确定的隐函数，其中 $f(u)$ 为可微函数，证明 $a\dfrac{\partial z}{\partial x}+b\dfrac{\partial z}{\partial y}=1$.

6. 设 $x=x(y,z),y=y(x,z),z=z(x,y)$ 都是由方程 $F(x,y,z)=0$ 确定的具有连续偏导数的函数，证明 $\dfrac{\partial x}{\partial y}\cdot\dfrac{\partial y}{\partial z}\cdot\dfrac{\partial z}{\partial x}=-1$.

7. 已知 $xy=xf(z)+yg(z),xf'(z)+yg'(z)\neq 0$，其中，$z=z(x,y)$ 是 x,y 的函数，证明

$$[x-g(z)]\frac{\partial z}{\partial x}=[y-g(z)]\frac{\partial z}{\partial y}$$

8. 设方程 $F(x,\ y)=0$ 确定隐函数 $y=f(x)$，且 $F(x,\ y)$ 存在二阶连续偏导数，证明

$$\frac{\mathrm{d}^2 y}{\mathrm{d}x^2}=\frac{2F_{xy}''F_x'F_y'-F_{xx}''\left(F_y'\right)^2-F_{yy}''\left(F_x'\right)^2}{\left(F_y'\right)^3}$$

9. 设可微函数 $z=f(x,y)$ 满足方程 $x\dfrac{\partial f}{\partial x}+y\dfrac{\partial f}{\partial y}=0$，证明 $f(x,y)$ 在极坐标中只是 θ 的函数.

10. 设方程组 $\begin{cases}u+v=x+y\\ y\sin u-x\sin v=0\end{cases}$ 确定 $u=u(x,y)$，$v=v(x,y)$，求 $\mathrm{d}u$，$\mathrm{d}v$.

11. 设 $u=f(x,\ y,\ z)$，$\varphi(x^2,\mathrm{e}^y,z)=0$，$y=\sin x$，其中 f，φ 都具有一阶连续偏导数，且 $\dfrac{\partial\varphi}{\partial x}\neq 0$，求 $\dfrac{\mathrm{d}u}{\mathrm{d}x}$.

12. 设变换 $\begin{cases}u=x-2y\\ v=x+ay\end{cases}$ 可把方程 $6\dfrac{\partial^2 z}{\partial x^2}+\dfrac{\partial^2 z}{\partial x\partial y}-\dfrac{\partial^2 z}{\partial y^2}=0$ 化为 $\dfrac{\partial^2 z}{\partial u\partial v}=0$，求常数 a.

13. 设 $y=f(x,t)$,而 t 是由 $F(x,y,t)=0$ 确定的 x，y 的函数，试求 $\dfrac{\mathrm{d}y}{\mathrm{d}x}$.

14. 设函数 $z=f(x,y)$ 是由方程 $x^2+y^2-z=\varphi(x+y+z)$ 确定的 x，y 的函数，其中 φ 具有二阶导数，且 $\varphi'\neq -1$.

(1) 求 $\mathrm{d}z$；

(2) 记 $u(x,y)=\dfrac{1}{x-y}\left(\dfrac{\partial z}{\partial x}-\dfrac{\partial z}{\partial y}\right)$，求 $\dfrac{\partial u}{\partial x}$.

15. 设 $u=f(x,y,z)$ 有连续的一阶偏导数，又函数 $y=y(x)$，$z=z(x)$ 分别由下列两式确定：$\mathrm{e}^{xy}-xy=2$ 和 $\mathrm{e}^x=\int_0^{x-z}\dfrac{\sin t}{t}\mathrm{d}t$，求 $\dfrac{\partial u}{\partial x}$.

8.4.7　多元函数的极值及其求法

1. 选择题.

(1) 设二元函数 $f(x,y)$在(x_0,y_0) 有极大值，且两个一阶偏导数都存在，则必有(　　).

A. $f_x'(x_0,y_0)>0, f_y'(x_0,y_0)>0$　　B. $f_x'(x_0,y_0)=0, f_y'(x_0,y_0)=0$

C. $f_x'(x_0,y_0)<0, f_y'(x_0,y_0)<0$　　D. $f_x'(x_0,y_0)>0, f_y'(x_0,y_0)<0$

(2) 点(x_0,y_0)使 $f_x'(x,y)=0$ 且 $f_y'(x,y)=0$，则(　　).

A. (x_0,y_0) 是 $f(x,y)$ 的驻点

B. (x_0,y_0) 是 $f(x,y)$ 的极值点

C. (x_0,y_0) 是 $f(x,y)$ 的最大值点或最小值点

D. (x_0,y_0) 不可能是 $f(x,y)$ 的极值点

(3) 设可微函数 $f(x,y)$ 在点(x_0,y_0)处取得极小值，则下列结论正确的是(　　).

A. $f(x_0,y)$ 在 $y=y_0$ 处的导数等于零　　B. $f(x_0,y)$ 在 $y=y_0$ 处的导数大于零

C. $f(x_0,y)$ 在 $y=y_0$ 处的导数小于零　　D. $f(x_0,y)$ 在 $y=y_0$ 处的导数不存在

(4) 设 $f(x,y)$ 与 $\varphi(x,y)$ 均为二元可微函数，且 $\varphi'(x,y)\neq 0$，已知(x_0,y_0)是 $f(x,y)$ 在约束条件 $\varphi(x,y)=0$ 下的一个极值点，则下列选项正确的是(　　).

A. 若 $f_x'(x_0,y_0)=0$，则 $f_y'(x_0,y_0)=0$　　B. 若 $f_x'(x_0,y_0)=0$，则 $f_y'(x_0,y_0)\neq 0$

C. 若 $f_x'(x_0,y_0)\neq 0$，则 $f_y'(x_0,y_0)=0$　　D. 若 $f_x'(x_0,y_0)\neq 0$，则 $f_y'(x_0,y_0)\neq 0$

(5) 设函数 $z=z(x,y)$ 存在二阶偏导数，且在点(x_0,y_0)处取得极大值，则(　　).

A. $z''_{xx}(x_0,y_0)<0$，$z''_{yy}(x_0,y_0)>0$　　B. $z''_{xx}(x_0,y_0)>0$，$z''_{yy}(x_0,y_0)<0$

C. $z''_{xx}(x_0,y_0)\leqslant 0$，$z''_{yy}(x_0,y_0)\leqslant 0$　　D. $z''_{xx}(x_0,y_0)<0$，$z''_{yy}(x_0,y_0)<0$

2. 解答题.

(1) 求函数 $f(x,y)=\mathrm{e}^{2x}(x+2y+y^2)$ 的极值.

(2) 讨论函数 $z=x-2y+\sqrt{x^2+y^2}+3\arctan\dfrac{y}{x}$ 的极值.

(3) 求函数 $z=x^2+xy+y^2-3ax-3by$ 的极值.

(4) 求 $z=x^2+y^2$ 在约束条件 $\dfrac{x}{a}+\dfrac{y}{b}=1$ 下的极值.

3. 应用题.

(1) 从斜边长为 l 的一切直角三角形中, 求有最大周长的直角三角形.

(2) 在半径为 a 的半球, 内接一长方体, 问各边长为多少时, 其体积最大?

(3) 将周长为 $2p$ 的矩形绕它的一边旋转构成一个圆柱体, 问矩形的边长各为多少时, 才可以使圆柱体的体积最大?

(4) 假设某企业在两个相互分割的市场上出售一种产品, 两个市场的需求函数分别是 $P_1=18-2Q_1$、$P_2=12-Q_2$. 其中, P_1 和 P_2 分别表示该产品在两个市场的价格(单位: 万元/吨); Q_1 和 Q_2 分别表示该产品在两个市场的销售量(即需求量, 单位: 吨). 并且该企业生产这种产品的总成本函数是 $C=2Q+5$, 其中 Q 表示该产品在两个市场的销售总量, 即 $Q=Q_1+Q_2$.

①如果企业实行价格差别策略, 试确定两个市场上该产品的销售量和价格, 使该企业获得最大利润;

②如果该企业实行价格无差别策略, 试确定两个市场上该产品的销售量及其统一的价格, 使该企业的总利润最大化, 并比较两种价格策略下的总利润大小.

(5) 某厂生产甲、乙两种产品, 其销售单价分别为 10 万元和 9 万元, 若生产 x 件甲产品和 y 件乙产品的总成本为 $C=400+2x+3y+0.01(3x^2+xy+3y^2)$(万元), 又已知两种产品的总产量为 100 件, 求企业获得最大利润时两种产品的产量.

4. 求函数 $u=x^2+y^2+z^2$ 在约束条件 $z=x^2+y^2$ 和 $x+y+z=4$ 下的最大值和最小值.

5. 已知函数 $f(u,v)$ 具有二阶连续偏导数, $f(1,1)=2$ 是该函数的极值, $z=f[x+y,f(x,y)]$, 求 $\left.\dfrac{\partial^2 z}{\partial x\partial y}\right|_{(1,1)}$.

8.5　总复习题 8

一、单项选择题(本题共 6 个小题, 每小题 3 分, 共 18 分)

1. 下列方程中, 图形表示的是下半球面的是(　　).

A. $z=-2(x^2+y^2)$　　B. $z=-x-y$

C. $z=-\sqrt{R^2-x^2-y^2}$　　D. $z=-y^2$

2. 设 $f(x+y,x-y)=x^2-y^2$, 则 $f(x,y)=($　　$)$.

A. x^2-y^2　　B. x^2+y^2　　C. $(x-y)^2$　　D. xy

3. 在球 $x^2+y^2+z^2-2z=0$ 内部的点是(　　).

A. (0,0,2)　　B. (0,0,–1)　　C. (1/2,1/2,1/2)　　D. (0,0,–1/2)

4. 对于二元函数 $z=f(x,y)$, 下列描述正确的是(　　).

A. 若偏导数不连续, 则全微分不存在

B. 若偏导数连续, 则全微分必存在

C. 若全微分存在, 则偏导数连续

D. 若全微分存在, 则偏导数不一定存在

5. 设 $z=f(x,y)$ 在点 (x,y) 处的二阶偏导数 $f''_{xy}(x,y)$ 及 $f''_{yx}(x,y)$ 都存在, 则 $f''_{xy}(x,y)$ 及 $f''_{yx}(x,y)$ 在点 (x,y) 处连续是 $f''_{xy}(x,y)=f''_{yx}(x,y)$ 的(　　).

A. 充分非必要条件　　B. 必要非充分条件

C. 充分必要条件　　D. 既非充分也非必要条件

6. 函数 $z=xy$ 在点(0, 0)处一定为(　　).

A. 极大值　　B. 极小值　　C. 无法确定　　D. 不取得极值

二、填空题(本题共 6 个小题, 每小题 3 分, 共 18 分)

1. 函数 $z=\sqrt{\ln(x+y)}$ 的定义域为____________.

2. $\lim\limits_{\substack{x\to 0\\ y\to 0}}(x+y)\cos\dfrac{1}{xy}=$____________.

3. 设 $f(x,y)=x+(y-1)\arctan\sqrt{\dfrac{x}{y}}$, 则 $f'_x(x,1)=$____________.

4. 设由方程 $x+y+z=\mathrm{e}^z$ 确定 x,y 的函数, 则 $\dfrac{\partial z}{\partial x}=$____________.

5. 函数 $f(x,y)=x^3-y^3+3x^2+y^2-9x$ 的驻点个数为____________.

6. $z=\mathrm{e}^{\sin(xy)}$, 则 $\mathrm{d}z=$____________

三、解答题(本题共 5 个小题, 每小题 5 分, 共 25 分)

1. 设 $z=u^2\ln v^2$, 而 $u=\dfrac{x}{y},v=3x-2y$, 求 $\dfrac{\partial z}{\partial x},\dfrac{\partial z}{\partial y}$.

2. 设 $z=\ln\tan\dfrac{x}{y}$, 求 $\dfrac{\partial z}{\partial x},\dfrac{\partial z}{\partial y}$.

3. 求复合函数 $u=f\left(x^2-y^2,\mathrm{e}^{xy}\right)$ 的一阶偏导数, 其中 f 具有连续一阶偏导数.

4. 设 $z=f(x,xy)$, 其中 f 具有二阶连续偏导数, 求 $\dfrac{\partial^2 z}{\partial x\partial y}$.

5. 求函数 $z=\mathrm{e}^{\frac{y}{x}}$ 的全微分.

四、应用题(本题共 3 个小题, 每小题 8 分, 共 24 分)

1. 某一化工厂需造大量的表面涂以贵重材料的桶, 桶的形状为无盖的长方形, 容积为 $256\,\mathrm{m}^3$. 问桶的长、宽、高各为多少米时, 可使所用涂料最省?

2. 设生产某种产品需用原料 A 和 B, 它们的单价分别是 10 元和 15 元, 用 x 单位原料 A 和 y 单位原料 B 可生产 $20xy-x^2-8y^2$ 单位的该产品, 现要以最低成本生产 112 单

位的该产品, 问需要多少原料 A 和 B?

3. 求函数 $z = xy + \dfrac{50}{x} + \dfrac{20}{y}$ 的极值.

五、证明题(本题共 3 个小题, 每小题 5 分, 共 15 分)

1. 设 $y = f(x,t)$，而 $t = t(x,y)$ 是由方程 $F(x,y,t) = 0$ 所确定的函数, 其中 f 和 F 都有一阶连续偏导数, 求证:

$$\frac{\mathrm{d}y}{\mathrm{d}x} = \frac{\dfrac{\partial f}{\partial x}\cdot\dfrac{\partial F}{\partial t} - \dfrac{\partial f}{\partial t}\cdot\dfrac{\partial F}{\partial x}}{\dfrac{\partial f}{\partial t}\cdot\dfrac{\partial F}{\partial y} + \dfrac{\partial F}{\partial t}}$$

2. 设 $2\sin(x + 2y - 3z) = x + 2y - 3z$，证明

$$\frac{\partial z}{\partial x} + \frac{\partial z}{\partial y} = 1$$

3. 设 $x + z = yf(x^2 - z^2)$，证明 $z\dfrac{\partial z}{\partial x} + y\dfrac{\partial z}{\partial y} = x$.

第9章 二 重 积 分

9.1 知识点小结

9.1.1 二重积分的概念和性质

1. 二重积分的定义

设$f(x,y)$是有界闭区域 D 上的有界函数. 将闭区域 D 任意分成 n 个小闭区域 $\Delta\sigma_1,\Delta\sigma_2,\cdots,\Delta\sigma_n$, 其中$\Delta\sigma_i$表示第 i 个小闭区域, $i=1,2,\cdots,n$, 也表示它的面积, 在每个 $\Delta\sigma_i$上任取一点(ξ_i,η_i), 作乘积$f(\xi_i,\eta_i)\Delta\sigma_i$, 并作和$\sum\limits_{i=1}^{n}f(\xi_i,\eta_i)\Delta\sigma_i$, 若当各小闭区域的直径中的最大值$\lambda$趋近于零时, 该和式的极限存在, 则称此极限为函数$f(x,y)$在闭区域D上的二重积分, 记为$\iint\limits_D f(x,y)\mathrm{d}\sigma$, 即

$$\iint\limits_D f(x,y)\mathrm{d}\sigma=\lim_{\lambda\to 0}\sum_{i=1}^{n}f(\xi_i,\eta_i)\Delta\sigma_i$$

其中, $f(x,y)$称为**被积函数**, $f(x,y)\mathrm{d}\sigma$称为**被积表达式**, $\mathrm{d}\sigma$ 称为**面积微元**, x 和 y 称为**积分变量**, D 称为积分区域, 并称$\sum\limits_{i=1}^{n}f(\xi_i,\eta_i)\Delta\sigma_i$为积分和.

2. 二重积分的几何意义

当$f(x,y)\geqslant 0$且连续时, 二重积分$\iint\limits_D f(x,y)\mathrm{d}\sigma$在数值上等于以区域$D$为底, 以曲面$z=f(x,y)$为顶的曲顶柱体的体积; 当$f(x,y)\leqslant 0$时, 二重积分$\iint\limits_D f(x,y)\mathrm{d}\sigma$表示该柱体体积的相反数; 当$f(x,y)$有正有负时, 二重积分$\iint\limits_D f(x,y)\mathrm{d}\sigma$表示以曲面$z=f(x,y)$为顶, 以区域$D$为底的被$xOy$面分成的上方和下方的曲顶柱体体积的代数和.

3. 二重积分的性质

(1) 线性性质

$$\iint\limits_D[kf(x,y)+hg(x,y)]\mathrm{d}\sigma=k\iint\limits_D f(x,y)\mathrm{d}\sigma+h\iint\limits_D g(x,y)\mathrm{d}\sigma\ (k,h\text{ 为常数})$$

(2) 积分区域的可加性($D=D_1\cap D_2$, 且 D_1 和 D_2 内部不交)

$$\iint_D f(x,y)\mathrm{d}\sigma=\iint_{D_1} f(x,y)\mathrm{d}\sigma+\iint_{D_2} f(x,y)\mathrm{d}\sigma$$

(3) 若在区域 D 上 $f(x,y)=1$, 则

$$\iint_D f(x,y)\mathrm{d}\sigma=\iint_D 1\mathrm{d}\sigma=S_D$$

(4) 保序性, 若在区域 D 上 $f(x,y)\geqslant g(x,y)$, 则

$$\iint_D f(x,y)\mathrm{d}\sigma\geqslant\iint_D g(x,y)\mathrm{d}\sigma$$

(5) 积分估值定理, 设 M、m 分别是 $f(x,y)$ 在闭区域 D 上的最大值、最小值, 则

$$mS_D\leqslant\iint_D f(x,y)\mathrm{d}\sigma\leqslant MS_D$$

(6) 积分中值定理, 设 $f(x,y)$ 在闭区域 D 上连续, 则在闭区域 D 上至少存在一点 (ξ,η), 使得

$$\iint_D f(x,y)\mathrm{d}\sigma=f(\xi,\eta)S_D$$

9.1.2　二重积分的计算

1. 直角坐标系下的二重积分计算

1) 区域分类

$X-$**型区域**: $\{(x,y)\,|\,a\leqslant x\leqslant b,\ \varphi_1(x)\leqslant y\leqslant\varphi_2(x)\}$. 其中, 函数 $\varphi_1(x),\varphi_2(x)$ 在区间 $[a,b]$ 上连续. 这种区域的特点是: 穿过区域且平行于 y 轴的直线与区域的边界相交不多于两个交点.

$Y-$**型区域**: $\{(x,y)\,|\,c\leqslant y\leqslant d,\ \psi_1(y)\leqslant x\leqslant\psi_2(y)\}$. 其中, 函数 $\psi_1(y),\psi_2(y)$ 在区间 $[c,d]$ 上连续. 这种区域的特点是: 穿过区域且平行于 x 轴的直线与区域的边界相交不多于两个交点.

2) 计算二重积分

假定积分区域 D 为如下 $X-$型区域: $\{(x,y)\,|\,a\leqslant x\leqslant b,\ \varphi_1(x)\leqslant y\leqslant\varphi_2(x)\}$, 则有

$$\iint_D f(x,y)\mathrm{d}x\mathrm{d}y=\int_a^b\mathrm{d}x\int_{\varphi_1(x)}^{\varphi_2(x)}f(x,y)\mathrm{d}y$$

类似地, 若积分区域 D 为 $Y-$型区域: $\{(x,y)\,|\,c\leqslant y\leqslant d,\ \psi_1(y)\leqslant x\leqslant\psi_2(y)\}$, 则有

$$\iint_D f(x,y)\mathrm{d}x\mathrm{d}y=\int_c^d\mathrm{d}y\int_{\psi_1(y)}^{\psi_2(y)}f(x,y)\mathrm{d}x$$

特别地，当区域 D 为矩形区域：$\{(x,y)\mid a\leqslant x\leqslant b,\ c\leqslant y\leqslant d\}$ 时，有

$$\iint_D f(x,y)\mathrm{d}x\mathrm{d}y=\int_a^b\mathrm{d}x\int_c^d f(x,y)\mathrm{d}y=\int_c^d\mathrm{d}y\int_a^b f(x,y)\mathrm{d}x$$

3) 交换二次积分次序

首先，对于给定的二重积分 $\int_a^b\mathrm{d}x\int_{\varphi_1(x)}^{\varphi_2(x)}f(x,y)\mathrm{d}y$，根据其积分限

$$a\leqslant x\leqslant b,\quad \varphi_1(x)\leqslant y\leqslant\varphi_2(x)$$

画出积分区域 D.

然后根据积分区域 D 的形状，按新的次序确定积分区域 D 的积分限

$$c\leqslant y\leqslant d,\quad \psi_1(y)\leqslant x\leqslant\psi_2(y)$$

最后，写出结果

$$\int_a^b\mathrm{d}x\int_{\varphi_1(x)}^{\varphi_2(x)}f(x,y)\mathrm{d}y=\int_c^d\mathrm{d}y\int_{\psi_1(y)}^{\psi_2(y)}f(x,y)\mathrm{d}x$$

4) 利用对称性和奇偶性简化二重积分的计算

(1) 若积分区域 D 关于 y 轴对称，则

①当 $f(-x,y)=-f(x,y),(x,y)\in D$ 时，有 $\iint\limits_D f(x,y)\mathrm{d}x\mathrm{d}y=0$;

②当 $f(-x,y)=f(x,y),(x,y)\in D$ 时，有 $\iint\limits_D f(x,y)\mathrm{d}x\mathrm{d}y=2\iint\limits_{D_1}f(x,y)\mathrm{d}x\mathrm{d}y$，其中 $D_1=\{(x,y)\mid(x,y)\in D,x\geqslant 0\}$.

(2) 若积分区域 D 关于 x 轴对称，则

①当 $f(x,-y)=-f(x,y),(x,y)\in D$ 时，有 $\iint\limits_D f(x,y)\mathrm{d}x\mathrm{d}y=0$;

②当 $f(x,-y)=f(x,y),(x,y)\in D$ 时，有 $\iint\limits_D f(x,y)\mathrm{d}x\mathrm{d}y=2\iint\limits_{D_2}f(x,y)\mathrm{d}x\mathrm{d}y$，其中 $D_2=\{(x,y)\mid(x,y)\in D,y\geqslant 0\}$.

2. 极坐标系下的二重积分计算

(1) 若积分区域 D 介于两条射线 $\theta=\alpha$ 和 $\theta=\beta$ 之间，而对于积分区域 D 内任一点 (r,θ)，其极径总是介于曲线 $r=r_1(\theta)$ 和 $r=r_2(\theta)$ 之间，则积分区域 D 可表示为

$$\{(\theta,r)\mid\alpha\leqslant\theta\leqslant\beta,\quad r_1(\theta)\leqslant r\leqslant r_2(\theta)\}$$

于是

$$\begin{aligned}\iint_D f(x,y)\mathrm{d}\sigma&=\iint_D f(r\cos\theta,r\sin\theta)r\mathrm{d}r\mathrm{d}\theta\\&=\int_\alpha^\beta\mathrm{d}\theta\int_{r_1(\theta)}^{r_2(\theta)}f(r\cos\theta,r\sin\theta)r\mathrm{d}r\end{aligned}$$

具体计算时，内层积分的上、下限可按如下方式确定：从极点出发在区间 (α,β) 上任意作一条极角为 θ 的射线穿透区域 D，则进入点与穿出点的极径 $r=r_1(\theta)$ 和 $r=r_2(\theta)$ 就分别为内层积分的下限与上限.

(2) 若积分区域 D 是 $r_1(\theta)=0$，$r_2(\theta)=r(\theta)$ 的特例，此时区域 D 可表示为

$$\{(\theta,r)\mid \alpha\leqslant\theta\leqslant\beta,\ \ 0\leqslant r\leqslant r(\theta)\}$$

于是

$$\iint\limits_D f(x,y)\mathrm{d}\sigma=\int_\alpha^\beta \mathrm{d}\theta\int_0^{r(\theta)} f(r\cos\theta,r\sin\theta)r\mathrm{d}r$$

(3) 若积分区域 D 的极点位于 D 的内部，则可以把它看作第(2)种情形中 $\alpha=0,\beta=2\pi$ 的特例，此时积分区域 D 可表示为

$$\{(\theta,r)\mid 0\leqslant\theta\leqslant 2\pi,\ \ 0\leqslant r\leqslant r(\theta)\}$$

于是

$$\iint\limits_D f(x,y)\mathrm{d}x\mathrm{d}y=\int_0^{2\pi} \mathrm{d}\theta\int_0^{r(\theta)} f(r\cos\theta,r\sin\theta)r\mathrm{d}r$$

注：根据二重积分的性质(3)，闭区域 D 的面积 S_D 在极坐标系下可表示为

$$S_D=\iint\limits_D \mathrm{d}\sigma=\iint\limits_D r\mathrm{d}r\mathrm{d}\theta$$

若区域 D 如上述(2)所给，则有

$$S_D=\iint\limits_D r\mathrm{d}r\mathrm{d}\theta=\int_\alpha^\beta \mathrm{d}\theta\int_0^{r(\theta)} r\mathrm{d}r=\frac{1}{2}\int_\alpha^\beta r^2(\theta)\mathrm{d}\theta$$

3. 广义二重积分

(1) 计算有界区域上的二重积分.

(2) 通过极限把二重积分应用到无界区域上，得到广义二重积分.

9.2 考研数学大纲要求

9.2.1 考试内容

(1) 二重积分的概念、基本性质、计算.

(2) 无界区域上简单的反常二重积分.

9.2.2 考试要求

(1) 了解二重积分的概念与基本性质.

(2) 掌握二重积分的计算方法(直角坐标、极坐标).

(3) 了解无界区域上较简单的反常二重积分并会计算.

9.3 典型例题

9.3.1 二重积分的性质

例1 不作积分计算, 估计 $I=\iint\limits_{D}e^{(x^2+y^2)}d\sigma$ 的值, 其中 D 是椭圆闭区域:

$$\frac{x^2}{a^2}+\frac{y^2}{b^2}\leqslant 1,\quad 0<b<a$$

解 区域 D 的面积 $S_D=ab\pi$, 在 D 上因为

$$0\leqslant x^2+y^2\leqslant a^2$$

所以

$$1=e^0\leqslant e^{x^2+y^2}\leqslant e^{a^2}$$

由估值定理知 $S_D\leqslant\iint\limits_{D}e^{(x^2+y^2)}d\sigma\leqslant S_D\cdot e^{a^2}$, 即 $ab\pi\leqslant\iint\limits_{D}e^{(x^2+y^2)}d\sigma\leqslant ab\pi e^{a^2}$.

例2 判断二重积分 $\iint\limits_{r\leqslant|x|+|y|\leqslant 1}\ln(x^2+y^2)dxdy$, $r<1$ 的符号.

解 当 $r\leqslant|x|+|y|\leqslant 1$ 时, 有 $0<x^2+y^2\leqslant(|x|+|y|)^2\leqslant 1$, 可得

$$\ln(x^2+y^2)\leqslant\ln 1=0$$

所以当 $r\leqslant|x|+|y|\leqslant 1$ 时, 积分函数 $\ln(x^2+y^2)<0$, 有

$$\iint\limits_{r\leqslant|x|+|y|\leqslant 1}\ln(x^2+y^2)dxdy<0$$

例3 判断二重积分 $\iint\limits_{D}\sqrt[3]{1-x^2-y^2}dxdy$ 的符号, 其中 $D:x^2+y^2\leqslant 4$.

解

$$\begin{aligned}&\iint\limits_{D}\sqrt[3]{1-x^2-y^2}dxdy\\&=\iint\limits_{x^2+y^2\leqslant 1}\sqrt[3]{1-x^2-y^2}dxdy+\iint\limits_{1\leqslant x^2+y^2\leqslant 3}\sqrt[3]{1-x^2-y^2}dxdy+\iint\limits_{3\leqslant x^2+y^2\leqslant 4}\sqrt[3]{1-x^2-y^2}dxdy\\&\leqslant\iint\limits_{x^2+y^2\leqslant 1}\sqrt[3]{1-0}dxdy+\iint\limits_{1\leqslant x^2+y^2\leqslant 3}\sqrt[3]{1-1}dxdy+\iint\limits_{3\leqslant x^2+y^2\leqslant 4}\sqrt[3]{1-3}dxdy\\&=\pi+\left(-\sqrt[3]{2}\right)(4\pi-3\pi)=\pi\left(1-\sqrt[3]{2}\right)<0\end{aligned}$$

9.3.2 二重积分的计算

例4 计算 $\iint\limits_{D}xyd\sigma$, 其中 D 是由直线 $y=1,x=2$ 及 $y=x$ 所围成的闭区域.

解法一 将积分区域视为 $X-$型, 则

$$\iint\limits_D xy\mathrm{d}\sigma=\int_1^2\left[\int_1^x xy\mathrm{d}y\right]\mathrm{d}x=\int_1^2\left[x\cdot\frac{y^2}{2}\right]_1^x\mathrm{d}x=\int_1^2\left(\frac{x^3}{2}-\frac{x}{2}\right)\mathrm{d}x=\left[\frac{x^4}{8}-\frac{x^2}{4}\right]_1^2=\frac{9}{8}$$

解法二　将积分区域视为 $Y-$型, 则

$$\iint\limits_D xy\mathrm{d}\sigma=\int_1^2\left[\int_y^2 xy\mathrm{d}x\right]\mathrm{d}y=\int_1^2\left[y\cdot\frac{x^2}{2}\right]_y^2\mathrm{d}y=\int_1^2\left(2y-\frac{y^3}{2}\right)\mathrm{d}y=\left[y^2-\frac{y^4}{8}\right]_1^2=\frac{9}{8}$$

例 5　计算二重积分 $\iint\limits_D \mathrm{e}^{x+y}\mathrm{d}x\mathrm{d}y$, 其中区域 D 是由 $x=0,x=1,y=0,y=1$ 所围成的矩形.

解　因为 D 是矩形区域, 且 $\mathrm{e}^{x+y}=\mathrm{e}^x\cdot\mathrm{e}^y$, 所以

$$\iint\limits_D \mathrm{e}^{x+y}\mathrm{d}x\mathrm{d}y=\left(\int_0^1\mathrm{e}^x\mathrm{d}x\right)\left(\int_0^1\mathrm{e}^y\mathrm{d}y\right)=\left(\mathrm{e}^x\Big|_0^1\right)\left(\mathrm{e}^y\Big|_0^1\right)=(\mathrm{e}-1)^2$$

例 6　交换二重积分 $\int_0^1\mathrm{d}x\int_0^{1-x}f(x,y)\mathrm{d}y$ 的积分次序.

解　题设的积分限 $0\leqslant x\leqslant 1, 0\leqslant y\leqslant 1-x$, 可改写为 $0\leqslant y\leqslant 1, 0\leqslant x\leqslant 1-y$, 因此

$$\int_0^1\mathrm{d}x\int_0^{1-x}f(x,y)\mathrm{d}y=\int_0^1\mathrm{d}y\int_0^{1-y}f(x,y)\mathrm{d}x$$

例 7　证明 $\int_0^a\mathrm{d}y\int_0^y\mathrm{e}^{b(x-a)}f(x)\mathrm{d}x=\int_0^a(a-x)\mathrm{e}^{b(x-a)}f(x)\mathrm{d}x$, 其中 $a(>0),b$ 均为常数.

证　等式左端的积分限：$0\leqslant y\leqslant a, 0\leqslant x\leqslant y$, 可改写为 $0\leqslant x\leqslant a, x\leqslant y\leqslant a$, 所以

$$\int_0^a\mathrm{d}y\int_0^y\mathrm{e}^{b(x-a)}f(x)\mathrm{d}x=\int_0^a\mathrm{d}x\int_x^a\mathrm{e}^{b(x-a)}f(x)\mathrm{d}y$$

$$=\int_0^a\left[\mathrm{e}^{b(x-a)}f(x)\int_x^a\mathrm{d}y\right]\mathrm{d}x=\int_0^a(a-x)\mathrm{e}^{b(x-a)}f(x)\mathrm{d}x$$

例 8　证明不等式 $1\leqslant\iint\limits_D(\cos y^2+\sin x^2)\mathrm{d}x\mathrm{d}y\leqslant\sqrt{2}$, 其中区域 $D:0\leqslant x\leqslant 1, 0\leqslant y\leqslant 1$.

证　因为区域 D 关于 $x=y$ 对称, 所以 $\iint\limits_D\cos x^2\mathrm{d}x\mathrm{d}y=\iint\limits_D\cos y^2\mathrm{d}x\mathrm{d}y$, 则

$$\iint\limits_D(\cos y^2+\sin x^2)\mathrm{d}x\mathrm{d}y=\iint\limits_D(\cos x^2+\sin x^2)\mathrm{d}x\mathrm{d}y$$

又由于 $\cos x^2+\sin x^2=\sqrt{2}\sin\left(x^2+\dfrac{\pi}{4}\right)$ 及 $0\leqslant x^2\leqslant 1$, 而区域 D 的面积为 1, 由二重积分性质有

$$1\leqslant\iint\limits_D(\cos y^2+\sin x^2)\mathrm{d}x\mathrm{d}y\leqslant\sqrt{2}$$

例 9　计算 $\iint\limits_D\dfrac{\mathrm{d}x\mathrm{d}y}{1+x^2+y^2}$, 其中区域 D 是由 $x^2+y^2\leqslant 1$ 确定的圆域.

解　区域 D 在极坐标下可表示为 $0\leqslant r\leqslant 1$, $0\leqslant\theta\leqslant 2\pi$, 故

$$\iint\limits_D\frac{\mathrm{d}x\mathrm{d}y}{1+x^2+y^2}=\int_0^{2\pi}\mathrm{d}\theta\int_0^1\frac{r\mathrm{d}r}{1+r^2}=\int_0^{2\pi}\frac{1}{2}[\ln(1+r^2)]\Big|_0^1\mathrm{d}\theta$$

$$=\int_0^{2\pi}\frac{1}{2}\ln 2\mathrm{d}\theta=\frac{1}{2}\ln 2\cdot\theta\Big|_0^{2\pi}=\pi\ln 2$$

例 10　写出在极坐标系下二重积分 $\iint\limits_D f(x,y)\mathrm{d}x\mathrm{d}y$ 的二次积分，其中区域

$$D=\{(x,y)\,|\,1-x\leqslant y\leqslant\sqrt{1-x^2},\ 0\leqslant x\leqslant 1\}$$

解　利用极坐标变换 $x=r\cos\theta$，$y=r\sin\theta$，易见直线方程 $x+y=1$ 的极坐标形式为

$$r=\frac{1}{\sin\theta+\cos\theta}$$

积分区域 D 的积分限为 $0\leqslant\theta\leqslant\frac{\pi}{2}$，$\frac{1}{\sin\theta+\cos\theta}\leqslant r\leqslant 1$，所以

$$\iint\limits_D f(x,y)\mathrm{d}x\mathrm{d}y=\int_0^{\frac{\pi}{2}}\mathrm{d}\theta\int_{\frac{1}{\sin\theta+\cos\theta}}^1 f(r\cos\theta,r\sin\theta)r\mathrm{d}r$$

例 11　将二重积分 $\iint\limits_D f(x,y)\mathrm{d}\sigma$ 化为极坐标形式，其中 D 是曲线 $x^2+y^2=a^2$，$\left(x-\frac{a}{2}\right)^2+y^2=\frac{a^2}{4}$ 及直线 $x+y=0$ 所围成的上半平面的区域.

解　令 $x=r\cos\theta, y=r\sin\theta$，则区域 D 的边界的极坐标方程分别为

$$r=a,\quad r=a\cos\theta,\quad \theta=3\pi/4$$

将区域 D 分成如下两个区域：

$$D_1: 0\leqslant\theta\leqslant\pi/2, a\cos\theta\leqslant r\leqslant a$$
$$D_2: \pi/2\leqslant\theta\leqslant 3\pi/4, 0\leqslant r\leqslant a$$

则

$$\iint\limits_D f(x,y)\mathrm{d}\sigma=\iint\limits_{D_1} f(x,y)\mathrm{d}\sigma+\iint\limits_{D_2} f(x,y)\mathrm{d}\sigma$$
$$=\int_0^{\frac{\pi}{2}}\mathrm{d}\theta\int_{a\cos\theta}^a f(x,y)\mathrm{d}r+\int_{\frac{\pi}{2}}^{\frac{3\pi}{4}}\mathrm{d}\theta\int_0^a f(x,y)\mathrm{d}r$$

9.4　A 组练习题

9.4.1　二重积分的概念和性质

1. 判断下列积分正负的符号.

(1) $\iint\limits_{|x|+|y|\leqslant 1}\ln(x^2+y^2)\mathrm{d}x\mathrm{d}y$；

(2) $\iint\limits_{x^2+y^2\leqslant 5}\sqrt[3]{1-x^2-y^2}\mathrm{d}x\mathrm{d}y$；

(3) $\iint\limits_{\substack{0\leqslant x\leqslant 1\\ -1\leqslant y\leqslant 1-x}} \arcsin(x+y)\mathrm{d}x\mathrm{d}y$.

2. 单项选择题.

(1) 设 $f(x,y)$ 连续, 且

$$f(x,y)=xy+\iint\limits_{D} f(u,v)\mathrm{d}u\mathrm{d}v$$

其中, D 是由 $y=0, y=x^2, x=1$ 围成的区域. 则 $f(x,y)$ 等于(　　).

A. xy　　B. $2xy$　　C. $xy+\frac{1}{8}$　　D. $xy+1$

(2) 设二重积分 $I_1=\iint\limits_{D}\cos\sqrt{x^2+y^2}\mathrm{d}x\mathrm{d}y$, $I_2=\iint\limits_{D}\cos(x^2+y^2)\mathrm{d}x\mathrm{d}y$, $I_3=\iint\limits_{D}\cos(x^2+y^2)^2\mathrm{d}x\mathrm{d}y$, 其中, $D=\{(x,y)\,|\,x^2+y^2\leqslant 1\}$, 则(　　).

A. $I_3>I_2>I_1$　　B. $I_1>I_2>I_3$　　C. $I_2>I_1>I_3$　　D. $I_3>I_1>I_2$

(3) 设 D_k 是圆域 $D=\{(x,y)\,|\,x^2+y^2\leqslant 1\}$ 位于第 k 象限的部分, 记 $I_k=\iint\limits_{D_k}(y-x)\mathrm{d}x\mathrm{d}y$, $k=1,2,3,4$, 则(　　).

A. $I_1>0$　　B. $I_2>0$　　C. $I_3>0$　　D. $I_4>0$

(4) 设 $I_k=\iint\limits_{D_k}\sqrt[3]{x-y}\mathrm{d}x\mathrm{d}y, k=1,2,3$, 其中 $D_1=\{(x,y)\,|\,0\leqslant x\leqslant 1, 0\leqslant y\leqslant 1\}$, $D_2=\{(x,y)\,|\,0\leqslant x\leqslant 1, 0\leqslant y\leqslant \sqrt{x}\}$, $D_3=\{(x,y)\,|\,0\leqslant x\leqslant 1, x^2\leqslant y\leqslant 1\}$, 则(　　).

A. $I_3>I_2>I_1$　　B. $I_2>I_1>I_3$　　C. $I_1>I_3>I_2$　　D. $I_3>I_1>I_2$

(5) 设 $\iint\limits_{D} y\mathrm{d}\sigma$, 其中 D 是由 $x+y=1, x-y=1, x=0$ 围成的区域, 则积分为(　　).

A. 0　　B. 1　　C. 2　　D. 3

3. 利用二重积分的性质估计下列积分的值.

(1) $I=\iint\limits_{D} xy(x+y)\mathrm{d}\sigma$, 其中 $D=\{(x,y)\,|\,0\leqslant x\leqslant 1, 0\leqslant y\leqslant 1\}$;

(2) $I=\iint\limits_{D}\sin^2 x\sin^2 y\mathrm{d}\sigma$, 其中 $D=\{(x,y)\,|\,0\leqslant x\leqslant \pi, 0\leqslant y\leqslant \pi\}$;

(3) $I=\iint\limits_{|x|+|y|\leqslant 10}\dfrac{\mathrm{d}x\mathrm{d}y}{100+\cos^2 x+\cos^2 y}$.

4. 若函数 $f(x,y)$ 在有界闭区域 D 上连续, 且对 D 内任一子区域 $D'\subset D$, 都有

$$\iint\limits_{D'} f(x,y)\mathrm{d}x\mathrm{d}y=0$$

证明: $f(x,y)\equiv 0$, $(x,y)\in D$.

5. D 为圆环 $1\leqslant x^2+y^2\leqslant 4$, 求二重积分 $\iint\limits_{D}\left(2x^3+3\sin\dfrac{x}{y}+7\right)\mathrm{d}\sigma$.

6. 设 D_1 是 x 轴、y 轴与 $x+y=1$ 所围区域，D_2 为 $(x-2)^2+(y-1)^2\leqslant 2$，试在同一坐标系中画出 D_1 与 D_2 的图形，并根据二重积分的性质由小到大的次序排列出 I_1、I_2、I_3、I_4，其中 $I_1=\iint\limits_{D_1}(x+y)^2\mathrm{d}\sigma, I_2=\iint\limits_{D_1}(x+y)^3\mathrm{d}\sigma, I_3=\iint\limits_{D_2}(x+y)^2\mathrm{d}\sigma, I_4=\iint\limits_{D_2}(x+y)^3\mathrm{d}\sigma$.

7. 设 $f(x,y)$ 在平面区域 $x^2+y^2\leqslant 1$ 上连续，证明

$$\lim_{R\to 0}\frac{1}{R^2}\iint\limits_{x^2+y^2\leqslant R^2} f(x,y)\mathrm{d}\sigma=\pi f(0,0)$$

8. 若函数 $f(x,y)$ 在有界闭区域 D 上连续，在 D 上 $f(x,y)\geqslant 0$，且 $f(x,y)\not\equiv 0$，证明

$$\iint\limits_{D} f(x,y)\mathrm{d}x\mathrm{d}y>0$$

9. 设函数 $f(x,y)$ 为连续函数，求

$$\lim_{r\to 0}\frac{1}{\pi r^2}\iint\limits_{D} f(x,y)\mathrm{d}x\mathrm{d}y$$

其中，$D:(x-a)^2+(y-b)^2\leqslant r^2$.

10. 设积分区域 D 是以原点为中心，半径为 r 的闭圆域，求

$$\lim_{r\to 0}\frac{1}{\pi r^2}\iint\limits_{D}\mathrm{e}^{x^2+y^2}\cos(xy)\mathrm{d}x\mathrm{d}y$$

9.4.2　二重积分的计算

1. 求二重积分 $\int_0^{\frac{\pi}{6}}\mathrm{d}y\int_y^{\frac{\pi}{6}}\frac{\cos x}{x}\mathrm{d}x$.

2. 单项选择题.

(1) 累次积分 $\int_0^{\frac{\pi}{2}}\mathrm{d}\theta\int_0^{\cos\theta} f(r\cos\theta, r\sin\theta)r\mathrm{d}r$ 可以写成(　　).

A. $\int_0^1\mathrm{d}y\int_0^{\sqrt{y-y^2}} f(x,y)\mathrm{d}x$　　B. $\int_0^1\mathrm{d}y\int_0^{\sqrt{1-y^2}} f(x,y)\mathrm{d}x$

C. $\int_0^1\mathrm{d}x\int_0^1 f(x,y)\mathrm{d}y$　　D. $\int_0^1\mathrm{d}x\int_0^{\sqrt{x-x^2}} f(x,y)\mathrm{d}y$

(2) 设函数 $f(x,y)$ 连续，则二次积分 $\int_{\frac{\pi}{2}}^{\pi}\mathrm{d}x\int_{\sin x}^1 f(x,y)\mathrm{d}y$ 等于(　　).

A. $\int_0^1\mathrm{d}y\int_{\pi+\arcsin y}^{\pi} f(x,y)\mathrm{d}x$　　B. $\int_0^1\mathrm{d}y\int_{\pi-\arcsin y}^{\pi} f(x,y)\mathrm{d}x$

C. $\int_0^1\mathrm{d}y\int_{\frac{\pi}{2}}^{\pi+\arcsin y} f(x,y)\mathrm{d}x$　　D. $\int_0^1\mathrm{d}y\int_{\frac{\pi}{2}}^{\pi-\arcsin y} f(x,y)\mathrm{d}x$

(3) 设函数 $f(t)$ 连续，则二次积分 $\int_0^{\frac{\pi}{2}}\mathrm{d}\theta\int_{2\cos\theta}^2 f(r^2)r\mathrm{d}r$ 等于(　　).

A. $\int_0^2\mathrm{d}x\int_{\sqrt{2x-x^2}}^{\sqrt{4-x^2}}\sqrt{x^2+y^2}f(x^2+y^2)\mathrm{d}y$　　B. $\int_0^2\mathrm{d}x\int_{\sqrt{2x-x^2}}^{\sqrt{4-x^2}} f(x^2+y^2)\mathrm{d}y$

C. $\int_0^2 \mathrm{d}y \int_{1+\sqrt{1-y^2}}^{\sqrt{4-y^2}} \sqrt{x^2+y^2} f(x^2+y^2)\mathrm{d}x$　　D. $\int_0^2 \mathrm{d}y \int_{1+\sqrt{1-y^2}}^{\sqrt{4-y^2}} f(x^2+y^2)\mathrm{d}x$

(4) 设 $D=\{(x,y)\mid x^2+y^2\leqslant 2x, x^2+y^2\leqslant 2y\}$，函数 $f(x,y)$ 在 D 上连续，则二重积分 $\iint\limits_D f(x,y)\mathrm{d}x\mathrm{d}y$ 等于(　　).

A. $\int_0^{\frac{\pi}{4}} \mathrm{d}\theta \int_0^{2\cos\theta} f(r\cos\theta, r\sin\theta)r\mathrm{d}r + \int_{\frac{\pi}{4}}^{\frac{\pi}{2}} \mathrm{d}\theta \int_0^{2\sin\theta} f(r\cos\theta, r\sin\theta)r\mathrm{d}r$

B. $\int_0^{\frac{\pi}{4}} \mathrm{d}\theta \int_0^{2\sin\theta} f(r\cos\theta, r\sin\theta)r\mathrm{d}r + \int_{\frac{\pi}{4}}^{\frac{\pi}{2}} \mathrm{d}\theta \int_0^{2\cos\theta} f(r\cos\theta, r\sin\theta)r\mathrm{d}r$

C. $2\int_0^1 \mathrm{d}x \int_{1-\sqrt{1-x^2}}^{x} f(x,y)\mathrm{d}y$

D. $2\int_0^1 \mathrm{d}x \int_x^{\sqrt{2x-x^2}} f(x,y)\mathrm{d}y$

(5) 设 $D=\{(x,y)\mid x^2+y^2\leqslant x+y+1\}$，则二重积分 $\iint\limits_D f(x,y)\mathrm{d}x\mathrm{d}y$ 等于(　　).

A. $\frac{\pi}{2}$　　B. $\frac{\pi}{3}$　　C. π　　D. $\frac{\pi}{4}$

3. 二次积分 $\int_0^1 \mathrm{d}y \int_y^1 \left(\frac{\mathrm{e}^{x^2}}{x} - \mathrm{e}^{y^2}\right)\mathrm{d}x =$ ________.

4. 设 $a>0$，$f(x)=g(x)=\begin{cases} a, & 0\leqslant x\leqslant 1 \\ 0, & \text{其他} \end{cases}$，而 D 表示全平面，则 $I=\iint\limits_D f(x)g(y-x)\mathrm{d}x\mathrm{d}y =$ ________.

5. 设 $D=\{(x,y)\mid |x|\leqslant y\leqslant 1, -1\leqslant x\leqslant 1\}$，则 $I=\iint\limits_D x^2\mathrm{e}^{-y^2}\mathrm{d}x\mathrm{d}y =$ ________.

6. 计算二重积分 $\iint\limits_D y\left[1+x\mathrm{e}^{\frac{1}{2}(x^2+y^2)}\right]\mathrm{d}x\mathrm{d}y$ 的值，其中 D 是由直线 $y=x$、$y=-1$ 及 $x=1$ 围成的平面区域.

7. 计算二重积分 $\iint\limits_D \mathrm{e}^{-(x^2+y^2-\pi)}\sin(x^2+y^2)\mathrm{d}x\mathrm{d}y$ 的值，其中 $D=\{(x,y)\mid x^2+y^2\leqslant\pi\}$.

8. 计算二重积分 $\iint\limits_D \sqrt{y^2-xy}\,\mathrm{d}x\mathrm{d}y$ 的值，其中 D 是由直线 $y=x$、$y=1$ 及 $x=0$ 围成的平面区域.

9. 计算二重积分 $\iint\limits_D \max\{xy,1\}\mathrm{d}x\mathrm{d}y$ 的值，其中 $D=\{(x,y)\mid 0\leqslant x\leqslant 2, 0\leqslant y\leqslant 2\}$.

10. 计算二重积分 $\iint\limits_D x^2\mathrm{d}x\mathrm{d}y$ 的值，其中 D 是由直线 $x=3y$、$y=3x$ 及 $x+y=8$ 围成的平面区域.

11. 平面区域 $D=\{(x,y)\,|\,1\leqslant x^2+y^2\leqslant 4, x\geqslant 0, y\geqslant 0\}$，计算二重积分

$$\iint\limits_D \frac{x\sin(\pi\sqrt{x^2+y^2})}{x+y}\mathrm{d}x\mathrm{d}y$$

12. 计算二重积分 $\iint\limits_D x(x+y)\mathrm{d}x\mathrm{d}y$ 的值，其中 $D=\{(x,y)\,|\,x^2+y^2\leqslant 2, y\geqslant x^2\}$.

13. 计算二重积分 $\iint\limits_D \sqrt{x}\mathrm{d}x\mathrm{d}y$ 的值，其中 $D=\{(x,y)\,|\,x^2+y^2\leqslant x\}$.

14. 计算二重积分 $\iint\limits_D \frac{y^3}{(1+x^2+y^4)^2}\mathrm{d}x\mathrm{d}y$ 的值，其中 D 是第一象限中以曲线 $y=\sqrt{x}$ 与 x 轴为边界的无界区域.

15. 计算二重积分 $\iint\limits_D x^2\mathrm{d}x\mathrm{d}y$ 的值，其中 D 是由曲线 $y=\sqrt{3(1-x^2)}$ 与直线 $y=\sqrt{3}x$ 及 y 轴围成的平面区域.

9.5　总复习题 9

一、填空题(本题共 5 个小题，每小题 4 分，共 20 分)

1. 当函数 $f(x,y)$ 在闭区域 D 上__________时，其在 D 上的二重积分必定存在.

2. 二重积分 $\iint\limits_D f(x,y)\mathrm{d}\delta$ 的几何意义是__________.

3. $\left|\iint\limits_D \sin(x^2+y^2)\mathrm{d}\delta\right|$__________ δ，其中 δ 是圆域 $D=\left\{(x,y)\middle|x^2+y^2\leqslant 4\right\}$ 的面积.

4. 把二重积分表示成极坐标形式的二次积分.

$$\iint\limits_{x^2+y^2\leqslant 2x} f\left(x^2+y^2, \arctan\frac{y}{x}\right)\mathrm{d}x\mathrm{d}y = \_\_\_\_\_\_\_\_\_\_.$$

5. 把二重积分表示成极坐标形式的二次积分.

$$D=\left\{(x,y)\middle|1\leqslant x^2+y^2\leqslant 4, y>x\right\}, \iint\limits_D \mathrm{e}^{\sqrt{x^2+y^2}}\mathrm{d}x\mathrm{d}y = \_\_\_\_\_\_\_\_\_\_.$$

二、单项选择题(本题共 5 个小题，每小题 4 分，共 20 分)

1. $f(u)$ 连续且严格单调递减，$I_1=\iint\limits_{x^2+y^2\leqslant 1} f\left(\frac{1}{1+\sqrt{x^2+y^2}}\right)\mathrm{d}\sigma$，$I_2=\iint\limits_{x^2+y^2\leqslant 1} f\left(\frac{1}{1+\sqrt[3]{x^2+y^2}}\right)\mathrm{d}\sigma$，则有(　　).

A. $I_1<I_2$　　B. $I_1>I_2$　　C. $I_1=4I_2$　　D. I_1,I_2 大小不确定

2. 设 D 是 xOy 面上的半圆域: $x^2+y^2\leqslant R^2, y\geqslant 0$, 则有 $\iint\limits_D\left[xy^3+\sin(xy)^2\right]\mathrm{d}x\mathrm{d}y$ 等于( ).

A. 2π　　B. $-\dfrac{\pi}{2}$　　C. 0　　D. 1

3. 设 $f(x,y)$ 是连续函数, 则 $I=\int_{-2}^{0}\mathrm{d}y\int_{0}^{y+2}f(x,y)\mathrm{d}x+\int_{0}^{1}\mathrm{d}y\int_{0}^{\sqrt{4-y}}f(x,y)\mathrm{d}x$ 等于( ).

A. $\int_{0}^{2}\mathrm{d}x\int_{x-2}^{4-x^2}f(x,y)\mathrm{d}y$　　B. $\int_{-2}^{4}\mathrm{d}x\int_{0}^{\sqrt{4-y^2}}f(x,y)\mathrm{d}y$

C. $\int_{0}^{2}\mathrm{d}x\int_{0}^{\sqrt{4-y^2}}f(x,y)\mathrm{d}y$　　D. $\int_{-2}^{4}\mathrm{d}x\int_{0}^{y+2}f(x,y)\mathrm{d}y$

4. 将 $\int_{\frac{\pi}{2}}^{\pi}\mathrm{d}\theta\int_{0}^{\sin\theta}f(\rho\cos\theta,\rho\sin\theta)\rho\mathrm{d}\rho$ 化成直角坐标系下的累次积分为( ).

A. $\int_{0}^{1}\mathrm{d}y\int_{0}^{\sqrt{y-y^2}}f(x,y)\mathrm{d}x$　　B. $\int_{0}^{2}\mathrm{d}y\int_{-\sqrt{y-y^2}}^{0}f(x,y)\mathrm{d}x$

C. $\int_{-1}^{1}\mathrm{d}y\int_{2}^{y+1}f(x,y)\mathrm{d}x$　　D. $\int_{0}^{1}\mathrm{d}y\int_{-\sqrt{y-y^2}}^{0}f(x,y)\mathrm{d}x$

5. 设 $f(x)$ 为连续函数, $F(t)=\int_{1}^{t}\mathrm{d}y\int_{y}^{t}f(x)\mathrm{d}x$, 则 $F'(2)$ 等于( ).

A. $2f(2)$　　B. $f(2)$　　C. $-f(2)$　　D. 0

三、计算题(本题共 6 个小题, 每小题 10 分, 共 60 分)

1. $\iint\limits_D|\cos(x+y)|\mathrm{d}x\mathrm{d}y$, 其中 $D=\{(x,y)\,|\,0\leqslant x\leqslant\pi, 0\leqslant y\leqslant\pi-x\}$.

2. $\int_{\frac{1}{4}}^{\frac{1}{2}}\mathrm{d}y\int_{\frac{1}{2}}^{\sqrt{y}}e^{\frac{y}{x}}\mathrm{d}x+\int_{\frac{1}{2}}^{1}\mathrm{d}y\int_{\frac{1}{2}}^{\sqrt{y}}e^{\frac{y}{x}}\mathrm{d}x$.

3. 计算二重积分 $\iint\limits_D\dfrac{x^2}{y^2}\mathrm{d}\sigma$, 其中 D 是由直线 $x=2$、$y=x$ 及曲线 $xy=1$ 围成的闭区域.

4. 计算二重积分 $\iint\limits_D\sqrt{\dfrac{1-x^2-y^2}{1+x^2+y^2}}\mathrm{d}\sigma$, 其中 D 是由圆周 $x^2+y^2=1$ 及坐标轴围成的在第一象限内的闭区域.

5. $\iint\limits_D\dfrac{1}{\sqrt{x^2+y^2}}\mathrm{d}x\mathrm{d}y$, 其中 D 是由曲线 $y=x^2$ 与直线 $y=x$ 围成的闭区域.

6. $\iint\limits_D\left|x^2+y^2-2\right|\mathrm{d}x\mathrm{d}y$, 其中 $D=\{(x,y)\,|\,x^2+y^2\leqslant 3\}$.

模 拟 题 一

一、单项选择题(本题共 5 个小题，每小题 3 分，共 15 分)

1. 二元函数 $z=\ln(4-x^2-y^2)+\sqrt{x^2+y^2-1}$ 的定义域是(　　).

A. $1\leqslant x^2+y^2\leqslant 4$　　B. $1<x^2+y^2\leqslant 4$

C. $1\leqslant x^2+y^2<4$　　D. $1<x^2+y^2<4$

2. 正弦曲线 $y=\sin x$ 在区间 $[0,2\pi]$ 中的一段与 x 轴所围图形的面积为(　　).

A. 2　　B. 4　　C. 0　　D. 6

3. 方程 $y=x+\int_1^x y(t)\mathrm{d}t$ 可化为形如(　　)的微分方程.

A. $y'-y=1$　　B. $y=2\mathrm{e}^{x-1}-1$

C. $\begin{cases} y'-y=1 \\ y(0)=0 \end{cases}$　　D. $\begin{cases} y'-y=1 \\ y(1)=1 \end{cases}$

4. 设 D 由 $x^2+y^2=1$ 围成，则二重积分 $\iint\limits_D f(x^2+y^2)\mathrm{d}\sigma=$(　　).

A. $4\int_0^{\frac{\pi}{2}}\mathrm{d}\theta\int_0^1 f(r^2)\mathrm{d}r$　　B. $4\int_0^{\frac{\pi}{2}}\mathrm{d}\theta\int_0^1 f(r)r\mathrm{d}r$

C. $4\int_0^1\mathrm{d}y\int_0^{\sqrt{1-y^2}} f(x^2+y^2)\mathrm{d}x$　　D. $4\int_0^{\frac{\pi}{2}}\mathrm{d}\theta\int_0^1 rf(1)\mathrm{d}r$

5. 设 a 为常数，则级数 $\sum\limits_{n=1}^{\infty}\dfrac{\sin a}{n^2}$(　　).

A. 绝对收敛　　B. 条件收敛　　C. 发散　　D. 敛散性与 a 有关

二、填空题(本题共 5 个小题，每小题 3 分，共 15 分)

1. $\int_{-1}^1\sqrt{1-x^2}\mathrm{d}x=$____________.

2. 设 $f(x,y)=x+(y-1)\arcsin\sqrt{\dfrac{x}{y}}$，则 $f_x(x,1)=$____________.

3. $z=\arctan\dfrac{x}{y}, x=u+v, y=u-v$，则 $\dfrac{\partial z}{\partial u}+\dfrac{\partial z}{\partial v}=$____________.

4. 设 $\mathrm{e}^z=1+x^2+y^2$，则 $\mathrm{d}z\Big|_{\substack{x=1\\y=2}}=$____________.

5. 将 $f(x)=\mathrm{e}^{x^2}$ 展开成 x 的幂级数为____________.

三、计算题(本题共 4 个小题，每小题 8 分，共 32 分)

1. 计算定积分 $\int_0^1 \frac{1}{1+e^x}dx$.

2. 计算二重积分 $\iint\limits_D (|x|+y)dxdy$ ，其中 D 是由不等式 $|x|+|y|\leqslant 1$ 确定的闭区域.

3. 求方程 $\frac{dy}{dx}-\frac{y}{x}=x^2$ 的通解.

4. 求极限 $\lim\limits_{x\to 0}\frac{\left(\int_0^x e^{t^2}dt\right)^2}{\int_0^x te^{2t^2}dt}$.

四、解答题(本题共 2 个小题，每小题 10 分，共 20 分)

1. 设 $f(t)$ 在 $0\leqslant t<+\infty$ 上连续，若 $\int_0^{x^2} f(t)dt=x^2(1+x)$ ，求 $f(4)$.

2. 求级数 $\sum\limits_{n=1}^{\infty} nx^n$ 的收敛域及和函数.

五、应用题(本题 12 分)

某公司可通过电台及报纸两种方式做销售某种商品的广告，根据统计资料，销售收入 R(万元)与电台广告费用 x (万元)及报纸广告费用 y (万元)之间的关系如下.

$$R=15+14x+32y-8xy-2x^2-10y^2$$

(1) 如果广告费用不限，求最优广告策略；

(2) 如果广告费用为 1.5 万元，求相应的最优广告策略.

六、证明题(本题 6 分)

设函数 $f(x)$ 在 $[0,\pi]$ 具有连续二阶导数，$f(0)=0$ ，证明

$$\int_0^{\pi}[f(x)+f''(x)]\sin x dx=\int_0^{\pi}f'(x)dx$$

模 拟 题 二

一、填空题(本题共 5 个小题，每小题 3 分，共 15 分)

1. 曲线 $y=x^4-2x^3-12x^2+x-9$ 的凸区间为__________.

2. 设某商品的需求函数为 $Q=\mathrm{e}^{-\frac{p}{6}}$，则 $P=3$ 时的需求弹性为__________.

3. 已知函数 $f(x,y)=\begin{cases}\dfrac{2x^2}{x+y}, & (x,y)\neq(0,0)\\ 0, & (x,y)=(0,0)\end{cases}$，则 $f'_x(0,0)=$__________.

4. 交换累次积分的积分次序: $\int_0^1\mathrm{d}y\int_{\sqrt{y}}^{\sqrt{2-y^2}}f(x,y)\mathrm{d}x=$__________.

5. 微分方程 $y''=\sin x$ 满足初始条件 $y(0)=1$，$y'(0)=2$ 的解是 $y=$__________.

二、选择题(本题共 5 个小题，每小题 3 分，共 15 分)

1. 设 $f(x)$ 具有二阶连续导数，且 $\lim\limits_{x\to1}\dfrac{f(x)}{(x-1)^2}=\dfrac{1}{2}$，则(　　).

A. $f(1)$ 是 $f(x)$ 的极大值

B. $f(1)$ 是 $f(x)$ 的极小值

C. $(1,f(1))$ 是曲线 $f(x)$ 的拐点

D. $f(1)$ 不是 $f(x)$ 的极值，$(1,f(1))$ 也不是曲线 $f(x)$ 的拐点

2. 下列级数绝对收敛的是(　　).

A. $\sum\limits_{n=1}^{\infty}(-1)^{n-1}\sin\dfrac{1}{n}$　　B. $\sum\limits_{n=1}^{\infty}(-1)^{n-1}\arctan\dfrac{1}{n^2}$

C. $\sum\limits_{n=1}^{\infty}\ln\left(1-\dfrac{1}{n}\right)$　　D. $\sum\limits_{n=1}^{\infty}(-1)^{n-1}\dfrac{1}{n}$

3. $\lim\limits_{x\to0}\dfrac{\int_0^x\ln(1+t)\mathrm{d}t}{x^2}=$(　　).

A. 0　　B. 1　　C. $\dfrac{1}{2}$　　D. $\dfrac{1}{3}$

4. $\lim\limits_{(x,y)\to(0,0)}\dfrac{x+y^2}{x^2+y^2}=$(　　).

A. 1　　B. 2　　C. 0　　D. 不存在

5. 下列函数中在点（0, 0）处有极值的函数是(　　).

A. $z=x^2+y^2$　　B. $z=-x^2+y^2$　　C. $z=x-y$　　D. $z=xy$

三、计算题(本题共 4 个小题, 每小题 8 分, 共 32 分)

1. 求$\lim\limits_{x\to 0}\left(\dfrac{1}{\sin^2 x}-\dfrac{1}{x^2}\right)$.

2. 求曲线$y=2x$与$y=3-x^2$所围成图形的面积.

3. 设$z=xy+xF\left(\dfrac{y}{x}\right)$, 其中$F$是二阶可导函数, 求$x\dfrac{\partial z}{\partial x}-y\dfrac{\partial z}{\partial y}$.

4. 求$\iint\limits_D \sin y^2\mathrm{d}x\mathrm{d}y$, 其中$D$是由$y=x$, $y=1$与y轴所围闭区域.

四、解答题(本题共 2 个小题, 每小题 10 分, 共 20 分)

1. 求幂级数$\sum\limits_{n=0}^{\infty}(2n+1)x^{2n}$的收敛域及和函数, 并求级数$\sum\limits_{n=0}^{\infty}\dfrac{2n+1}{3^{2n}}$的和.

2. 设$f(x)$是定义在$[0,+\infty)$上的可导函数, 它满足方程: $f(x)-2\int_0^x f(t)\mathrm{d}t=x$且$f(0)=0$, 求$f(x)$.

五、应用题(本题 12 分)

某工厂生产的一种产品同时在两个市场销售, 售价分别为p_1和p_2, 销售量分别为Q_1和Q_2, 需求函数分别为$Q_1=24-0.2p_1$, $Q_2=10-0.05p_2$, 总成本函数为$C=35+40(Q_1+Q_2)$, 试问:

(1) 厂家应如何确定两个市场的售价才能使其获得的总利润最大? 求最大总利润为多少?

(2) 若实行无价格差别的销售策略(即$p_1=p_2$), 厂家应如何确定两个市场的售价才能使其获得的总利润最大? 最大总利润为多少?

六、证明题(本题 6 分)

证明 当$0<x<\dfrac{\pi}{2}$时, 不等式$\dfrac{2}{\pi}<\dfrac{\sin x}{x}<1$成立.

模拟题三

一、单项选择题(本题共 5 个小题，每小题 3 分，共 15 分)

1. 设 $f(x+y,x-y)=x^2-y^2$，则 $f_x(x,y)+f_y(x,y)=$(　　).

A. $2x-2y$　　B. $x+y$　　C. $2x+2y$　　D. $x-y$

2. 余弦曲线 $y=\cos x$ 在区间 $[0,2\pi]$ 中的一段与 x 轴所围图形面积为(　　).

A. 2　　B. 4　　C. 0　　D. 6

3. 若 $\sum\limits_{n=1}^{\infty}a_n$ 收敛，则(　　).

A. $\lim\limits_{n\to\infty}\sum\limits_{k=1}^{n}a_k=0$　　B. $\lim\limits_{n\to\infty}\sum\limits_{n=1}^{\infty}a_n=0$

C. $\lim\limits_{n\to\infty}\sum\limits_{k=1}^{n}a_k$ 存在　　D. $\lim\limits_{n\to\infty}a_n$ 不存在

4. 交换积分 $\int_0^1 \mathrm{d}y\int_{y^2}^{y}f(x,y)\mathrm{d}x$ 的积分次序为(　　).

A. $\int_0^1\mathrm{d}x\int_{x^2}^{x}f(x,y)\mathrm{d}y$　　B. $\int_0^1\mathrm{d}x\int_{x}^{\sqrt{x}}f(x,y)\mathrm{d}y$

C. $\int_0^1\mathrm{d}x\int_{x}^{x^2}f(x,y)\mathrm{d}y$　　D. $\int_0^1\mathrm{d}x\int_{\sqrt{x}}^{x}f(x,y)\mathrm{d}y$

5. 设积分区域 $D: x^2+y^2\leqslant R^2$，则 $\iint\limits_D x(x^2+y^2)\mathrm{d}x\mathrm{d}y=$(　　).

A. 0　　B. 1　　C. $2\pi R^2$　　D. -1

二、填空题(本题共 5 个小题，每小题 3 分，共 15 分)

1. 设 $z=x\sin(x+y)$，则 $\mathrm{d}z\big|_{\left(\frac{\pi}{4},\frac{\pi}{4}\right)}=$__________.

2. 设 $\mathrm{e}^z=1+x^2+y^2$，则 $\mathrm{d}z\Big|_{\substack{x=1\\y=2}}=$__________.

3. $\sum\limits_{n=1}^{\infty}u_n^2$，$\sum\limits_{n=1}^{\infty}v_n^2$ 收敛，则 $\sum\limits_{n=1}^{\infty}(u_n+v_n)^2$ 的敛散性是__________.

4. $\left(\frac{1}{2}+\frac{1}{3}\right)+\left(\frac{1}{2^2}+\frac{1}{3^2}\right)+\left(\frac{1}{2^3}+\frac{1}{3^3}\right)+\cdots$ 的和是__________.

5. 微分方程 $y'=\mathrm{e}^{x+y}$ 的通解为__________.

三、计算题(本题共 4 个小题，每小题 8 分，共 32 分)

1. 计算 $\int_0^1 x\sqrt{1+x^2}\mathrm{d}x$.

2. 计算积分 $I=\iint\limits_D x\mathrm{e}^{xy}\mathrm{d}x\mathrm{d}y$，其中 $D:0\leqslant x\leqslant 1,-1\leqslant y\leqslant 0$.

3. 求 $z=\sin(x^2+2y)$ 的二阶偏导数.

4. 将函数 $f(x)=\dfrac{1}{3+x}$ 展开成 $(x-2)$ 的幂级数.

四、解答题(本题共 2 个小题，每小题 10 分，共 20 分)

1. 求微分方程 $\begin{cases}\dfrac{\mathrm{d}y}{\mathrm{d}x}-\dfrac{y}{x}=x^2\\ y\big|_{x=2}=0\end{cases}$ 的特解.

2. 求幂级数 $\sum\limits_{n=1}^{\infty}\dfrac{(x-3)^n}{n^2}$ 的收敛半径和收敛域.

五、应用题(本题 12 分)

设曲线 $y=x^2$ 和 $y=2-x^2$ 所围成的平面图形为 D.

(1) 求 D 的面积;

(2) 求 D 绕 x 轴旋转而得的旋转体体积.

六、证明题(本题 6 分)

已知 $f(x)$ 满足 $f(x)=1+\int_0^x tf(t)\mathrm{d}t$，求 $f(x)$.

各章练习题

第 6 章　B 组练习题

常数项级数的概念与性质

1. 填空题.

(1) $\sum\limits_{n=1}^{\infty}u_n$ 收敛, 则 $\lim\limits_{n\to\infty}(u_n^2-u_n+3)=$____________.

(2) $\sum\limits_{n=1}^{\infty}a_n$ 收敛, 且 $S_n=a_1+a_2+\cdots+a_n$, 则 $\lim\limits_{n\to\infty}(S_{n+1}+S_{n-1}-2S_n)=$____________.

(3) $\left(\frac{1}{2}+\frac{1}{3}\right)+\left(\frac{1}{2^2}+\frac{1}{3^2}\right)+\left(\frac{1}{2^3}+\frac{1}{3^3}\right)+\cdots$ 的和是____________.

(4) 若 $\sum\limits_{n=1}^{\infty}u_n$ 的和是 3, 则 $\sum\limits_{n=3}^{\infty}u_n$ 的和是____________.

(5) 若 $\sum\limits_{n=1}^{\infty}t^n$ 的和是 2, 则 $\sum\limits_{n=1}^{\infty}\frac{t^n}{2}$ 的和是____________.

(6) 当 $|x|<1$ 时, $\sum\limits_{n=1}^{\infty}x^n$ 的和是____________.

2. 根据级数收敛与发散的定义判别下列级数的敛散性.

(1) $\sum\limits_{n=1}^{\infty}\frac{1}{(2n-1)(2n+1)}$;

(2) $\sum\limits_{n=1}^{\infty}\left(\sqrt{n+2}-2\sqrt{n+1}+\sqrt{n}\right)$.

3. 判断下列级数的敛散性.

(1) $\sum\limits_{n=1}^{\infty}(-1)^{n-1}$;

(2) $\sum\limits_{n=1}^{\infty}(-1)^{n-1}\left(\frac{4}{5}\right)^n$;

(3) $\sum_{n=1}^{\infty}\left(\frac{3}{2}\right)^{n}$;

(4) $\sum_{n=1}^{\infty}\sqrt[n]{0.001}$;

(5) $\sum_{n=1}^{\infty}\frac{2^{n}+3^{n}}{6^{n}}$;

(6) $\frac{1}{5}+1+\frac{1}{5^{2}}+2+\cdots+\frac{1}{5^{n}}+n+\cdots$;

(7) $\sum_{n=1}^{\infty}\left(1+\frac{\pi}{n}\right)^{n}$.

正项级数

1. 选择题.

设级数$\sum_{n=1}^{\infty}a_n, \sum_{n=1}^{\infty}b_n, \sum_{n=1}^{\infty}c_n$，且$a_n < b_n < c_n$，$n=1,2,\cdots$，则(　　).

A. 若$\sum_{n=1}^{\infty}b_n$收敛，则$\sum_{n=1}^{\infty}a_n$必收敛

B. 若$\sum_{n=1}^{\infty}b_n$发散，则$\sum_{n=1}^{\infty}c_n$必发散

C. 若$\sum_{n=1}^{\infty}a_n$，$\sum_{n=1}^{\infty}c_n$收敛，则$\sum_{n=1}^{\infty}b_n$收敛

D. 以上都不对

2. 用比较审敛法或比较审敛法的极限形式判别下列级数的敛散性.

(1) $\sum_{n=1}^{\infty}\frac{1}{n\sqrt{n+1}}$；

(2) $\sum_{n=1}^{\infty}\frac{1+n}{1+n^2}\cos^2\frac{2}{n}$；

(3) $\sum_{n=1}^{\infty}\frac{n+9}{n(n+4)}$；

(4) $\sum_{n=1}^{\infty}\pi^n\sin\frac{1}{4^n}$.

3. 用比值审敛法或根值审敛法判别下列级数的敛散性.

(1) $\sum_{n=1}^{\infty}\frac{2^n}{n}$;

(2) $\sum_{n=1}^{\infty}\frac{2^n\cdot n!}{n^n}$;

(3) $\sum_{n=1}^{\infty}\left(\frac{n}{3n-1}\right)^{2n-1}$;

(4) $\frac{1}{2}+\frac{3}{2^2}+\frac{5}{2^3}+\cdots+\frac{2n-1}{2^n}+\cdots$.

任意项级数

1. 选择题.

当$k>0$时，级数$\sum_{n=1}^{\infty}(-1)^n\frac{k+n}{n^2}$是(　　).

A. 条件收敛　　B. 绝对收敛　　C. 发散　　D. 敛散性与 k 有关

2. 判别下列级数的敛散性.

(1) $\sum_{n=1}^{\infty}(-1)^{n-1}\frac{1}{n^p}$, $p>0$;

(2) $\sum_{n=1}^{\infty}\frac{3+(-1)^n}{2^n}$;

(3) $\sum_{n=1}^{\infty}(-1)^{n-1}\frac{2^{n^2}}{n!}$;

(4) $\sum_{n=1}^{\infty}\frac{(-1)^n}{n-\ln n}$.

3. 判别下列级数是否收敛，若收敛是绝对收敛还是条件收敛.

(1) $\sum_{n=1}^{\infty}(-1)^n\left(1-\cos\frac{a}{n}\right),\quad a>0$;

(2) $\sum_{n=2}^{\infty}(-1)^n\frac{1}{\ln n}$;

(3) $\sum_{n=1}^{\infty}(-1)^{n-1}\left(\sqrt{n+1}-\sqrt{n-1}\right)$;

(4) $\sum_{n=1}^{\infty}(-1)^{n-1}\frac{\ln n}{n}$.

4. 已知级数 $\sum_{n=1}^{\infty}a_n^2$ 和 $\sum_{n=1}^{\infty}b_n^2$ 都收敛，试证明级数 $\sum_{n=1}^{\infty}a_nb_n$ 绝对收敛.

幂级数

1. 填空题.

(1) 若幂级数$\sum_{n=1}^{\infty}a_n\left(\frac{x-3}{2}\right)^n$在$x=0$处收敛, 则其在$x=5$处__________(收敛、发散).

(2) 若$\lim_{n\to+\infty}\left|\frac{c_n}{c_{n+1}}\right|=2$, 则幂级数$\sum_{n=0}^{\infty}c_nx^{2n}$的收敛半径为__________.

(3) $\sum_{n=1}^{\infty}\frac{(-3)^n x^n}{n}$的收敛域为__________.

(4) $\sum_{n=0}^{\infty}\frac{3+(-1)^n}{3^n}x^n$的收敛域为__________.

(5) $\sum_{n=1}^{\infty}(-1)^n\frac{x^{2n+1}}{n\cdot 2^n}$的收敛域为__________.

(6) $\sum_{n=0}^{\infty}\frac{1+n}{1+n^2}(x-2)^n$的收敛域为__________.

2. 选择题.

若$\sum_{n=1}^{\infty}a_n(x+4)^n$在$x=-2$处收敛, 则它在$x=2$处(　　).

A. 发散　　B. 条件收敛　　C. 绝对收敛　　D. 不能判断

3. 求下列幂级数的收敛域.

(1) $\sum_{n=1}^{\infty}\frac{2^n}{n^2+1}x^n$；

(2) $\sum_{n=1}^{\infty}\frac{2n-1}{2^n}x^{3n}$；

(3) $\sum\limits_{n=1}^{\infty}\frac{1}{n\cdot 3^n}(x-3)^n$.

4. 利用逐项求导或逐项积分, 求下列级数在收敛区间内的和函数.

(1) $\sum\limits_{n=1}^{\infty}nx^{n-1}$, $-1<x<1$;

(2) $\sum\limits_{n=1}^{\infty}\frac{x^{2n-1}}{2n-1}$, $-1<x<1$.

5. 求幂级数 $\sum\limits_{n=1}^{\infty}(2n+1)x^n$ 的收敛域及其和函数.

泰勒级数　函数的幂级数展开式

1. 写出函数 $f(x)=x^3\ln x$ 在 $x_0=1$ 处的四阶泰勒公式.

2. 求 $y=\dfrac{1}{3-x}$ 在 $x_0=1$ 的泰勒展开式.

3. 求函数 $f(x)=x\mathrm{e}^{-x}$ 的带有佩亚诺型余项的 n 阶麦克劳林公式.

4. 将下列函数展开成 x 的幂级数, 并求展开式成立的区间.

(1) $\ln(a+x)$, $a>0$;　　(2) a^x, $a>0$ 且 $a\neq 1$;

(3) $\sin^2 x$.

5. 将函数 $f(x)=\dfrac{2x+1}{x^2+x-2}$ 展开成 $(x-2)$ 的幂级数.

6. 将函数 $f(x)=\mathrm{e}^{3x}$ 在 $x=1$ 处展开成幂级数.

函数的幂级数展开式的应用

1. 计算 $\ln 2$ 的近似值, 要求误差不超过10^{-4}.

2. 计算 $\dfrac{2}{\sqrt{\pi}}\int_0^{\frac{1}{2}} e^{-x^2}dx\left(取\dfrac{1}{\sqrt{\pi}}\approx 0.56419, 误差不超过0.0001\right)$.

3. $\sin 9^\circ$ (误差不超过 10^{-5}).

4. 求下列级数的和.

(1) $\sum\limits_{n=1}^{\infty}\frac{1}{(2n-1)2^n}$;

(2) $\sum\limits_{n=1}^{\infty}(-1)^n\frac{1}{(2n+1)\cdot 3^n}$.

第 7 章　B 组练习题

微分方程的基本概念

1. 填空题.

(1) 方程 $x^2(y'')^4-3y'+y\ln x=0$ 称为___________阶微分方程.

(2) 设 $y=y(x,c_1,c_2,\cdots,c_n)$ 是方程 $y'''-xy''+2y$ 的通解，则任意常数的个数 $n=$___________.

(3) 设曲线 $y=y(x)$ 上任一点 (x,y) 的切线垂直于此点与原点的连线，则该曲线满足微分方程___________.

(4) 设曲线 $y=y(x)$ 上任一点 (x,y) 的切线在坐标轴间的线段长度等于常数 a, 则曲线满足微分方程___________.

(5) 某人以本金 p_0 元进行一项投资，投资的年利率为 γ，若以连续复利计算，t 年后资金的总额 $p(t)=$___________.

(6) 方程 $y=x+\int_0^x y\mathrm{d}x$ 可化为形如___________微分方程.

2. 已知 $Q=c\mathrm{e}^{kt}$ 满足微分方程 $\dfrac{\mathrm{d}Q}{\mathrm{d}t}=-0.03Q$，问 C 和 K 的取值应如何?

3. 若可导函数 $f(x)$ 满足方程

$$f(x)=2\int_0^x tf(t)\mathrm{d}t+1 \tag{15}$$

将式(15)两边求导, 得

$$f'(x)=2xf(x) \tag{16}$$

易知 $f(x)=c\mathrm{e}^{x^2}$ (c 为任意常数)是式(16)的通解, 从而 $f(x)=c\mathrm{e}^{x^2}$ 为式(15)的解, 对吗?

4. 证明 $y=c_1x+c_2x\ln|x|$ 是微分方程 $x^2y''-xy'+y=0$ 的通解.

一阶微分方程(一)

1. 求下列微分方程的通解.

(1) $y'=\sqrt{\dfrac{1-y^2}{1-x^2}}(|x|<1)$;

(2) $y'+\dfrac{e^{y^2+3x}}{y}=0$;

(3) $3e^x\tan y\mathrm{d}x+(2-e^x)\sec^2 y\mathrm{d}y=0$.

2. 求下列微分方程满足所给初始条件的特解.

(1) $\sin y\cos x\mathrm{d}y=\cos y\sin x\mathrm{d}x$, $\quad y\big|_{x=0}=\dfrac{\pi}{4}$;

(2) $\dfrac{x}{1+y}\mathrm{d}x-\dfrac{y}{1+x}\mathrm{d}y=0$, $\quad y\big|_{x=0}=1$.

3. 镭的衰变速度与它的现存量 R 成正比. 有资料表明, 镭经过 1600 年后, 只剩余原始量 R_0 的 50%, 试求镭的量 R 与时间 t 的函数关系.

一阶微分方程(二)

1. 填空题.

(1) 设 y^* 是 $\dfrac{\mathrm{d}y}{\mathrm{d}x}+p(x)y=Q(x)$ 的一个解, Y 是其对应的齐次方程的通解, 则该方程的通解为__________.

(2) $y^*=\dfrac{x-1}{x}\mathrm{e}^x$ 是方程 $xy'+y=x\mathrm{e}^x$ 的一个特解, 则其通解为__________.

(3) 微分方程 $xy'+y-y^2\ln x=0$ 作变换__________可化为一阶线性微分方程.

(4) $(x+y)y'+(x-y)=0$ 的通解为__________.

(5) $\left(1+2\mathrm{e}^{\frac{x}{y}}\right)\mathrm{d}x+2\mathrm{e}^{\frac{x}{y}}\left(1-\dfrac{x}{y}\right)\mathrm{d}y=0$ 的通解为__________.

2. 求下列微分方程的通解.

(1) $xy'+y=x^2+3x+2$;

(2) $(x-2xy-y^2)y'+y^2=0$.

3. 求下列微分方程满足所给初始条件的特解.

$$\frac{\mathrm{d}y}{\mathrm{d}x}+y\cot x=5\mathrm{e}^{\cos x},\quad y\Big|_{x=\frac{\pi}{2}}=-4$$

4. 用适当的变量代换将下列方程化为可分离变量的方程, 然后求出通解.

(1) $\frac{dy}{dx}=(x+y)^2$;　　(2) $xy'+y=y(\ln x+\ln y)$.

5. 已知一曲线过原点, 且它在点 (x,y) 处切线的斜率等于 $2x+y$, 求该曲线的方程.

6. 设 $f(x)$ 可微且满足关系式 $\int_0^x[2f(t)-1]dt=f(x)-1$, 求 $f(x)$.

可降阶的二阶微分方程

1. 填空题.

(1) 微分方程 $y''=\dfrac{1}{1+x^2}$ 的通解为________________________.

(2) 微分方程 $y''=1+(y')^2$ 的通解为________________________.

(3) 微分方程 $y''=y'+x$ 的通解为________________________.

(4) 微分方程 $yy''+(y')^2=y'$ 的通解为________________________.

(5) 微分方程 $y''+\dfrac{2}{1-y}(y')^2=0$ 的通解为________________________.

2. 求下列微分方程满足所给初始条件的特解.

$$y^3\frac{\mathrm{d}^2y}{\mathrm{d}x^2}+1=0,\quad y\big|_{x=1}=1,\quad \left.\frac{\mathrm{d}y}{\mathrm{d}x}\right|_{x=1}=0$$

3. 求下列微分方程满足初始条件的特解.

(1) $y''-ay'^2=0,\quad y\big|_{x=0}=0,y'\big|_{x=0}=-1$;

(2) $y''=\mathrm{e}^{ax}$，$y\big|_{x=1}=y'\big|_{x=1}=0$.

4. 试求 $y''=x$ 的经过点 $M(0,1)$且在此点与直线 $y=\dfrac{x}{2}+1$ 相切的积分曲线.

二阶线性微分方程的性质与解的结构

1. 验证 $y_1=\mathrm{e}^{x^2}$ 及 $y_2=x\mathrm{e}^{x^2}$ 都是方程 $y''-4xy'+(4x^2-2)y=0$ 的解，并写出该方程的通解.

2. 设函数 $y_1(x),y_2(x),y_3(x)$ 均是非齐次线性方程 $\dfrac{\mathrm{d}^2y}{\mathrm{d}x^2}+a(x)\dfrac{\mathrm{d}y}{\mathrm{d}x}+b(x)y=f(x)$ 的特解，其中，$a(x)$、$b(x)$、$f(x)$ 为已知函数，而且 $\dfrac{y_2(x)-y_1(x)}{y_3(x)-y_1(x)}\neq$ 常数，求证：

$$y(x)=(1-c_1-c_2)y_1(x)+c_1y_2(x)+c_2y_3(x)\ (c_1,c_2\ \text{为任意常数})$$

是该方程的通解.

3. 证明函数 $y=c_1\mathrm{e}^x+c_2\mathrm{e}^{2x}+\dfrac{1}{12}\mathrm{e}^{5x}$ (c_1,c_2 是任意常数)是方程 $y''-3y'+2y=\mathrm{e}^{5x}$ 的通解.

二阶常系数线性微分方程(一)

1. 填空题.

(1) 微分方程 $y''-4y'=0$ 的通解为___________.

(2) 微分方程 $y''+4y'+4y=0$ 的通解为___________.

(3) 微分方程 $y''+2y'+5y=0$ 的通解为___________.

(4) 微分方程 $y''+2y'+ay=0$ (a 为常数)的通解为___________.

(5) 设 $2\pm \mathrm{i}$ 为方程 $y''+py'+qy=0$ 的特征方程的两个根，则其通解为___________.

(6) 设二阶常系数齐次线性微分方程的两个特征根 $r_1=2, r_2=4$，则该二阶常系数齐次线性微分方程为___________.

2. 求下列微分方程满足所给初始条件的特解.

(1) $y''-4y'+3y=0,\quad y\big|_{x=0}=6,\ y'\big|_{x=0}=10$；

(2) $4y''+4y'+y=0,\quad y\big|_{x=0}=2, y'\big|_{x=0}=0$；

(3) $y''-4y'+13y=0,\quad y\big|_{x=0}=0, y'\big|_{x=0}=3$.

3. 求以 $y_1 = \mathrm{e}^x$, $y_2 = x\mathrm{e}^x$ 为特解的二阶常系数齐次线性微分方程.

4. 方程 $4y'' + 9y = 0$ 的一条积分曲线经过点 $(\pi, -1)$ 且在该点与直线 $y + 1 = x - \pi$ 相切, 求这条曲线方程.

二阶常系数线性微分方程(二)

1. 填空题.

(1) 微分方程 $y''+2y'+y=xe^x$ 的特解可设为形如 $y^*=$____________.

(2) 微分方程 $y''-7y'+6y=\sin x$ 的特解可设为形如 $y^*=$____________.

(3) 微方程 $y''-2y'+5y=e^x\sin(2x)$ 的特解可设为形如 $y^*=$____________.

(4) 微分方程 $y''+y'=x+\cos x$ 的特解可设为形如 $y^*=$____________.

(5) 微分方程 $y''-y'=x\sin^2 x$ 的特解可设为形如 $y^*=$____________.

2. 求下列微分方程的通解.

(1) $y''+3y'+2y=3xe^{-x}$;

(2) $y''+y=e^x+\cos x$.

3. 求微分方程满足所给初始条件的特解.

$$y'' - y = 4xe^{x}, \quad y\big|_{x=0} = 0, y'\big|_{x=0} = 1.$$

4. 设函数 $y = y(x)$ 满足微分方程 $y'' - y' - 2y = 3e^{-x}$，它的图形在 $x = 0$ 处与直线 $y = x$ 相切, 求该函数解析式.

微分方程的应用举例

1. 已知某商品的需求价格弹性为 $\frac{EQ}{EP} = -P(\ln P + 1)$，且当 P=1 时，需求量 Q=1,

(1) 求商品对价格的需求函数;

(2) 当 $P \to +\infty$ 时，需求量是否趋于稳定?

2. 已知某商品的需求量 Q 对价格 P 的弹性 $\eta = 3P^2$，而市场对该商品的最大需求量为 1 万件，求需求函数.

3. 已知某商品的需求量 Q 与供给量 S 都是价格 P 的函数: $Q=\dfrac{a}{P^2},S=bP$. 其中, $a>0,b>0$ 为常数. 价格 P 是时间 t 的函数, 且满足

$$\frac{\mathrm{d}P}{\mathrm{d}t}=k[Q(P)-S(P)] \quad (k\text{ 为正常数})$$

假设当 $t=0$ 时, 价格为 1, 试求:

(1) 需求量等于供给量的均衡价格 P_{e};

(2) 价格函数 $P(t)$;

(3) $\lim\limits_{t\to+\infty}P(t)$.

差分方程

1. 填空题.

(1) 一阶常系数齐次线性差分方程 $y_{t+1}-ay_t=0\ (a\neq 0)$ 的通解为____________.

(2) 若 $f(t)=p_n(t)$，则一阶常系数非齐次线性差分方程 $y_{t+1}-ay_t=f(t)$ 具有形如 $y_t^*=$____________的特解.

当 1 不是特征方程的根时，$k=$____________；

当 1 是特征方程的根时，$k=$____________.

2. 求下列一阶常系数齐次线性差分方程的通解.

(1) $2y_{t+1}-3y_t=0$；

(2) $y_t+y_{t-1}=0$；

(3) $y_{t+1}-y_t=0$.

3. 求下列一阶差分方程的通解.

(1) $\Delta y_t - 4y_t = 3$;

(2) $y_{t+1} + 4y_t = 2t^2 + t + 1$;

(3) $y_{t+1} - \frac{1}{2}y_t = 2^t$.

第 8 章　B 组练习题

空间解析几何简介

1. 填空题.

(1) 在空间直角坐标系中, 指出下列各点在第几卦限?

$A(1,-2,3)$ ＿＿＿＿＿＿; $B(2,3,-4)$ ＿＿＿＿＿＿; $C(2,-3,-4)$ ＿＿＿＿＿＿; $D(-2,-3,1)$ ＿＿＿＿＿＿.

(2) 点 $(4,-3,5)$ 到原点 O 的距离为＿＿＿＿＿＿; 到 x 轴的距离为＿＿＿＿＿＿; 到 z 轴的距离为＿＿＿＿＿＿; 到 xOy 面的距离为＿＿＿＿＿＿.

(3) 点 $M(3,-4,5)$ 关于 xOy 面对称点的坐标为＿＿＿＿＿＿; 关于 yOz 面对称点的坐标为＿＿＿＿＿＿; 关于 xOz 面对称点的坐标为＿＿＿＿＿＿; 关于 x 轴对称点的坐标为＿＿＿＿＿＿; 关于 y 轴对称点的坐标为＿＿＿＿＿＿; 关于 z 轴对称点的坐标为＿＿＿＿＿＿; 关于原点对称点的坐标为＿＿＿＿＿＿.

2. 求下列各对点之间的距离.

(1) $(2,3,1)$ 与 $(2,7,4)$;　　(2) $(4,-1,2)$ 与 $(-1,3,4)$.

3. 在 z 轴上求一点, 使该点到点 $(-4,1,7)$ 和点 $(3,5,-2)$ 的距离相等.

4. 在 yOz 平面上求一点, 使它到点 $(5,1,2)$ 和点 $(0,5,1)$ 的距离相等.

5. 设球面方程为$x^2+y^2+z^2-2x+2z=0$，求球心的坐标及球半径.

6. 指出下列方程所表示的曲面, 并绘出图形.

(1) $x^2+y^2=4$;　　(2) $z=x^2+y^2$;

(3) $x^2+y^2+z^2-2z=0$;　　(4) $\frac{x}{2}+\frac{y}{3}+\frac{z}{4}=1$.

多元函数的基本概念

1. 填空题.

(1) 若 $f(x,y)=x^2+y^2-xy\tan\dfrac{x}{y}$，则 $f(tx,ty)=$____________.

(2) 若 $f\left(x+y,\dfrac{y}{x}\right)=x^2-y^2$，则 $f(x,y)=$____________.

(3) 函数 $z=\dfrac{\sqrt{4x-y^2}}{\ln(1-x^2-y^2)}$ 的定义域是____________.

(4) 函数 $z=\sqrt{x-\sqrt{y}}$ 的定义域是____________.

(5) 函数 $z=\dfrac{y^2+2x}{y^2-2x}$ 的间断点是____________.

2. 求下列各极限.

(1) $\lim\limits_{\substack{x\to 0\\ y\to 0}}\dfrac{2-\sqrt{xy+4}}{xy}$；

(2) $\lim\limits_{\substack{x\to 0\\ y\to 0}}\dfrac{\sin(xy)}{x}$；

(3) $\lim\limits_{\substack{x\to 0\\ y\to 0}}\dfrac{xy}{\sqrt{x^2+y^2}}$；

(4) $\lim\limits_{\substack{x\to +\infty\\ y\to +\infty}}(x^2+y^2)e^{-(x+y)}$.

3. 求函数 $f(x,y)=\dfrac{\sqrt{4x-y^2}}{\ln(1-x^2-y^2)}$ 的定义域, 并求 $\lim\limits_{\substack{x\to\frac{1}{2}\\ y\to 0}} f(x,y)$.

4. 讨论函数 $f(x,y)=\begin{cases}\dfrac{xy^2}{x^2+y^2}, & (x,y)\neq(0,0)\\ 0, & (x,y)=(0,0)\end{cases}$ 的连续性.

5. 证明极限 $\lim\limits_{(x,y)\to(0,0)}\dfrac{x^2y}{x^4+y^2}$ 不存在.

偏导数及其在经济中的应用

1. 填空题.

(1) 设 $z = e^{xy}(x+y)$，则 $\frac{\partial z}{\partial x} =$ ____________, $\frac{\partial z}{\partial y} =$ ____________ .

(2) 设 $f(x,y) = x + (y-1)\arcsin\sqrt{\frac{x}{y}}$，求 $f_x'(x,1) =$ ____________.

(3) 设 $f(x,y)$ 在点 (a,b) 处的偏导数存在，则 $\lim\limits_{x\to 0}\frac{f(a+x,b)-f(a-x,b)}{x} =$ ________.

2. 求下列函数的偏导数.

(1) $z = \sqrt{\ln(xy)}$；

(2) $u = x^{\frac{y}{z}}$.

3. 设 $z = e^{-\left(\frac{1}{x}+\frac{1}{y}\right)}$,求证: $x^2\frac{\partial z}{\partial x} - y^2\frac{\partial z}{\partial y} = 0$.

4. 求下列函数的二阶偏导数.

(1) $z = y^x$，求 $\frac{\partial^2 z}{\partial x^2}$， $\frac{\partial^2 z}{\partial y^2}$， $\frac{\partial^2 z}{\partial x \partial y}$；

(2) $z=\arctan\frac{y}{x}$, 求$\frac{\partial^2 z}{\partial x^2}$, $\frac{\partial^2 z}{\partial y^2}$, $\frac{\partial^2 z}{\partial x\partial y}$.

5. 试证: 函数$f(x,y)=\begin{cases}\frac{3xy}{x^2+y^2}, & (x,y)\neq(0,0)\\ 0, & (x,y)=(0,0)\end{cases}$在点(0, 0)处的偏导数存在, 但不连续.

6. 某种产品的销售量Q与价格P和另一种产品的价格P_1满足函数关系:

$$Q=120+\frac{250}{P}-10P_1-P_1^2$$

当P=50, P_1=5时, 求:

(1) Q对P的偏弹性;

(2) Q对P_1的交叉弹性.

全微分

1. 求下列函数的全微分.

(1) $z=\dfrac{y}{\sqrt{x^2+y^2}}$, 求 $\mathrm{d}z$;

(2) $z=\ln(1+x^2+y^2)$, 求 $\mathrm{d}z\Big|_{\substack{x=1\\y=2}}$;

(3) $z=\mathrm{e}^{xy}$, 求当 $x=1, y=1, \Delta x=0.15, \Delta y=0.1$ 时的全微分.

2. 计算下列各式的近似值.

(1) $\sqrt{(1.02)^3+(1.97)^3}$;

(2) $(1.97)^{1.05}(\ln 2=0.693)$.

3. 设函数为

$$f(x,y)=\begin{cases}\dfrac{xy}{x^2+y^2}, & x^2+y^2\neq 0\\ 0, & x^2+y^2=0\end{cases}$$

证明: $f(x,y)$ 在 $(0,0)$ 处可偏导, 但不可微.

多元复合函数求导法则

1. 填空题.

(1) 设 $z=u^2\ln v$，而 $u=\dfrac{x}{y},v=3x-2y$，则 $\dfrac{\partial z}{\partial x}=$____________，$\dfrac{\partial z}{\partial y}=$____________.

(2) 设 $z=\arcsin(x-y)$，而 $x=3t,\ y=4t^3$，则 $\dfrac{\mathrm{d}z}{\mathrm{d}t}=$____________.

(3) 设 $u=\dfrac{\mathrm{e}^{ax}(y-z)}{a^2+1}$，而 $y=a\sin x,z=\cos x$，则 $\dfrac{\mathrm{d}u}{\mathrm{d}x}=$____________.

(4) 设 $z=\arctan(xy)$，而 $y=\mathrm{e}^x$，则 $\dfrac{\mathrm{d}z}{\mathrm{d}x}=$____________.

(5) 设 $u=f(x^2-y^2,\mathrm{e}^{xy})$，则 $\dfrac{\partial u}{\partial x}=$____________，$\dfrac{\partial u}{\partial y}=$____________.

(6) $u=f(x,xy,xyz)$，则 $\dfrac{\partial u}{\partial x}=$____________.

2. 设 $z=\arctan\dfrac{x}{y}$，而 $x=u+v,\quad y=u-v$，验证：$\dfrac{\partial z}{\partial u}+\dfrac{\partial z}{\partial v}=\dfrac{u-v}{u^2+v^2}$.

3. 求下列函数的一阶偏导数(其中 f 具有一阶连续偏导数).

(1) $u=f\left(x^2-y^2,\mathrm{e}^{xy}\right)$；

(2) $u=f\left(\dfrac{x}{y},\dfrac{y}{z}\right)$.

4. 设 $z = xy + xF(u)$, 而 $u = \frac{y}{x}$, $F(u)$ 均为可导函数,证明 $x \cdot \frac{\partial z}{\partial x} + y \cdot \frac{\partial z}{\partial y} = z + xy$.

5. 设 $z = \frac{y}{f\left(x^2 - y^2\right)}$, 其中 $f(u)$ 为可导函数. 验证: $\frac{1}{x} \cdot \frac{\partial z}{\partial x} + \frac{1}{y} \cdot \frac{\partial z}{\partial y} = \frac{z}{y^2}$.

6. 求函数 $z = f\left(xy^2, x^2 y\right)$ 的 $\frac{\partial^2 z}{\partial x^2}, \frac{\partial^2 z}{\partial x \partial y}, \frac{\partial^2 z}{\partial y^2}$ (其中 f 具有二阶连续偏导数).

7. 设 $z = f[\varphi(x) - y, \psi(y) + x]$, f 具有二阶连续偏导数, φ, ψ 可导, 求 $\frac{\partial^2 z}{\partial x \partial y}$.

隐函数的求导公式

1. 填空题.

(1) 设 $\ln\sqrt{x^2+y^2}=\arctan\dfrac{y}{x}$，则 $\dfrac{\mathrm{d}y}{\mathrm{d}x}=$ ____________ .

(2) 设 $\dfrac{x}{z}=\ln\dfrac{z}{y}$，则 $\dfrac{\partial z}{\partial x}=$ ____________, $\dfrac{\partial z}{\partial y}=$ ____________ .

2. 设 $u=\sin(y+3z)$, 且变量 z 是由方程 $\mathrm{e}^z-xyz=\mathrm{e}$ 确定的函数, 求 $\left.\dfrac{\partial u}{\partial x}\right|_{(0,1,1)}$.

3. 设 $\varphi(u,v)$ 具有连续偏导数, 证明由方程 $\varphi(cx-az,cy-bz)=0$ 确定的函数 $z=f(x,y)$ 满足 $a\dfrac{\partial z}{\partial x}+b\dfrac{\partial z}{\partial y}=c$.

4. 设由方程 $F\left(x+\dfrac{z}{y},y+\dfrac{z}{x}\right)=0$ 确定 $z=z(x,y)$，F 具有一阶连续偏导数, 证明 $x\dfrac{\partial z}{\partial x}+y\dfrac{\partial z}{\partial y}=z-xy$.

5. 设 $e^z - xyz = 0$, 求 $\dfrac{\partial^2 z}{\partial x^2}$.

6. 设 $\begin{cases} z = x^2 + y^2 \\ x^2 + 2y^2 + 3z^2 = 20 \end{cases}$, 求 $\dfrac{dy}{dx}, \dfrac{dz}{dx}$.

7. 设 $\begin{cases} u = f(ux, v + y) \\ v = g(u - x, v^2 + y) \end{cases}$, 其中 f, g 具有一阶连续偏导数, 求 $\dfrac{\partial u}{\partial x}$, $\dfrac{\partial v}{\partial x}$.

多元函数的极值及其求法

1. 填空题.

(1) $f(x,y)=4(x-y)-x^2-y^2$ 的极__________值为__________.

(2) $f(x,y)=\mathrm{e}^{2x}(x+y^2+2y)$ 的极__________值为__________.

(3) $z=xy$ 在适合附加条件 $x+y=1$ 下的极大值为__________.

(4) $u=f(x,y)=x-x^2-y^2$ 在 $D=\left\{x,y\middle|x^2+y^2\leqslant 1\right\}$ 上的最大值为__________，最小值为__________.

2. 求 $f(x,y)=x^2+5y^2-6x+10y+6$ 的极值.

3. 设二元函数 $z=f(x,y)=x^2y(4-x-y)$,闭区域 D 由直线 $x+y=6$ 、x 轴和 y 轴所围成, 求此函数在闭区域 D 上的极值与最值.

4. 某养殖场饲养两种鱼，若甲种鱼放养 x (万尾)，乙种鱼放养 y (万尾)，收获时两种鱼的收获量分别为 $(3-\alpha x-\beta y)x,(4-\beta x-2\alpha y)y,\alpha>\beta>0$，求使产鱼总量最大的两种鱼的放养数.

5. 设生产某种产品需要投入两种要素，x_1,x_2 分别为两种要素的投入量，Q 为产出量. 若生产函数为 $Q=2x_1^{\alpha}x_2^{\beta}$，其中 α,β 为正常数，且 $\alpha+\beta=1$，假设两种要素的价格分别为 p_1 和 p_2. 试问：当产出量为 12 时，两种要素各投入多少可以使得投入总费用最小?

第 9 章　B 组练习题

二重积分的概念和性质

1. 计算题.

(1) 估算二重积分 $I=\iint\limits_{D}\frac{\mathrm{d}\sigma}{\sqrt{x^2+y^2+2xy+16}}$ 的值，其中积分区域 D 为矩形闭区域 $\{(x,y)\,|\,0\leqslant x\leqslant 1,\ 0\leqslant y\leqslant 2\}$.

(2) 估算二重积分 $I=\iint\limits_{D}xy(x+y+1)\mathrm{d}\sigma$ 的值，其中积分区域 D 为矩形闭区域 $\{(x,y)\,|\,0\leqslant x\leqslant 1,0\leqslant y\leqslant 2\}$.

(3) 估算二重积分 $I=\iint\limits_{D}(x^2+4y^2+9)\mathrm{d}\sigma$，其中积分区域 D 为 $\left\{(x,y)\middle|x^2+y^2\leqslant 4\right\}$.

2. 比较下列积分的大小.

(1) $I_1=\iint\limits_D(x+y)^2\mathrm{d}\sigma$ 与 $I_2=\iint\limits_D(x+y)^3\mathrm{d}\sigma$，其中积分区域 D 是由 x 轴、y 轴与直线 $x+y=1$ 围成的区域.

(2) $I_1=\iint\limits_D\ln(x+y)\mathrm{d}\sigma$ 与 $I_2=\iint\limits_D\left[\ln(x+y)^2\right]\mathrm{d}\delta$，其中积分区域 $D=\{(x,y)|3\leqslant x\leqslant 5,0\leqslant y\leqslant 1\}$.

3. 求二重积分 $\iint\limits_{x^2+y^2\leqslant 1}\sqrt{1-x^2-y^2}\mathrm{d}\sigma$.

二重积分的计算

1．计算题.

(1) 交换二次积分 $\int_0^1 \mathrm{d}x \int_{x^2}^{x} f(x,y)\mathrm{d}y$ 的积分次序.

(2) 交换二次积分 $\int_0^1 \mathrm{d}x \int_0^{\sqrt{2x-x^2}} f(x,y)\mathrm{d}y + \int_1^2 \mathrm{d}x \int_0^{2-x} f(x,y)\mathrm{d}y$ 的积分次序.

2. 计算题.

(1) 计算二重积分 $I = \iint\limits_D \operatorname{sgn}(y-x^2)\,\mathrm{d}x\mathrm{d}y$，积分区域 $D = \{(x,y)\,|\,-1 \leqslant x \leqslant 1, 0 \leqslant y \leqslant 1\}$.

(2) 计算二重积分 $\iint\limits_D \frac{x^2}{y^2}\mathrm{d}\sigma$，其中积分区域 D 是由直线 $x=2$、$y=x$ 及曲线 $xy=1$ 围成的闭区域.

3. 计算题.

1) 计算二重积分 $\iint\limits_{D}\sqrt{\dfrac{1-x^2-y^2}{1+x^2+y^2}}\mathrm{d}\sigma$,其中积分区域 D 是由圆周 $x^2+y^2=1$ 及两个坐标轴在第一象限内围成的闭区域.

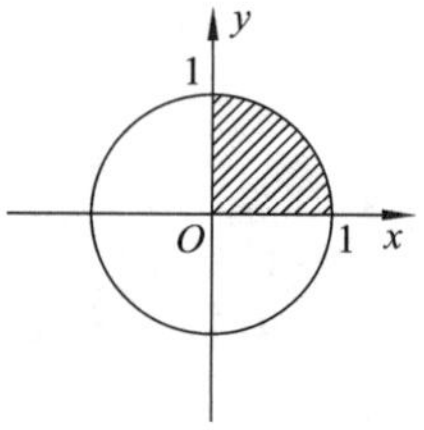

(2) 计算二重积分 $\iint\limits_{D}\left|x^2+y^2-2\right|\mathrm{d}\delta$, 其中积分区域 $D=\{(x,y)\,|\,x^2+y^2\leqslant 3\}$.

(3) 计算以 xOy 面上的圆周 $x^2+y^2=ax\ (a>0)$ 围成的区域为底，而以曲面 $z=x^2+y^2$ 为顶的曲顶柱体的体积.

参考答案

6.4 A组练习题

6.4.1 常数项级数的概念与性质

1. B. 2. D. 3. D. 4. A. 5. C. 6. 30 m. 7. $\dfrac{518}{99}$. 8. 发散. 9. 略.

10. (1) 收敛，和为$\dfrac{3}{2}$. (2) 收敛，和为$\dfrac{1}{4}$. (3) 发散. (4) 发散.

11. 略. 12. 略. 13. 略. 14. 略.

6.4.2 正项级数

1. D. 2. B. 3. 略. 4. 略.

5. 当$a>1$时，级数$\sum\limits_{n=1}^{\infty}\dfrac{(n+a)^n}{n^{n+a}}$收敛；当$a\leqslant 1$时，级数$\sum\limits_{n=1}^{\infty}\dfrac{(n+a)^n}{n^{n+a}}$发散.

6. 收敛. 7. 收敛. 8. 不对.

9. 当$0<a<\mathrm{e}$时，原级数收敛；当$a\geqslant \mathrm{e}$时，原级数发散.

10. $0<a\leqslant 1$时，$\sum\limits_{n=1}^{\infty}\dfrac{1}{1+a^n}$发散；$a>1$时，$\sum\limits_{n=1}^{\infty}\dfrac{1}{1+a^n}$收敛.

11. 收敛. 12. 收敛. 13. 收敛. 14.略. 15. 略. 16. 略.

6.4.3 任意项级数

1. B. 2. D. 3. C. 4. B. 5. B. 6. A.
7. 条件收敛. 8. 收敛. 9. 条件收敛. 10.略. 11.发散. 12. 条件收敛.

6.4.4 幂级数

1. $\dfrac{1}{\mathrm{e}}$. 2. $[-3,3]$. 3. 不一定. 4. $\left[-\dfrac{3}{2},-\dfrac{1}{2}\right)$. 5. $(-\infty,-1)\cup(-1,+\infty)$.

6. $[1,+\infty)$. 7. $\left(\dfrac{1}{3},1\right]$. 8. $\sum\limits_{n=1}^{\infty}\dfrac{(-1)^{n-1}}{n(2n-1)}x^{2n}=2x\arctan x-\ln(1+x^2), |x|<1$.

9. (1) $\dfrac{5}{8}-\dfrac{3}{4}\ln 2$; (2) $-\dfrac{32}{125}$. 10. (1) $\dfrac{\sqrt{2}}{4}\ln\dfrac{\sqrt{2}+1}{\sqrt{2}-1}$; (2) 8.

11. 收敛域为$(-1,1)$，$s(x)=\dfrac{3-x}{(1-x)^3}, x\in(-1,1)$.

12. 收敛域为$[-1, 1]$，$s(x)=(1+x)\ln(1+x)+(1-x)\ln(1-x)$，$x\in[-1, 1]$. 13. 略.

14. $f(x)=1-\dfrac{1}{2}\ln(1+x^2), x\in(-1,1)$；极大值为$f(0)=1$.

15. (1) $s(x)$ 是初值问题 $y' = xy + \frac{x^3}{2}, y(0) = 0$ 的解; (2) $s(x) = -\frac{x^2}{2} + e^{\frac{x^2}{2}} - 1$.

16. $s(x) = \begin{cases} \frac{1}{2x}\ln\frac{1+x}{1-x} - \frac{1}{1-x^2}, & x \in (-1,0)\cup(0,1) \\ 0, & x = 0 \end{cases}$.

17. $s(x) = 2x^2\arctan x - x\ln(1+x^2)$, $x \in [-1, 1]$;　　18. 3 980 万元.

6.4.5 泰勒级数　函数的幂级数展开式

1. $\ln(1+x-2x^2) = \sum_{n=1}^{\infty}\frac{(-1)^{n-1}2^n - 1}{n}x^n, x \in \left(-\frac{1}{2}, \frac{1}{2}\right]$.

2. $f^{(2m+1)}(0) = a_{2m+1}(2m+1)! = 0, m = 0,1,2,\cdots$;

$f^{(2m)}(0) = a_{2m}(2m)! = \frac{1}{m!}(2m)!, m = 0,1,2,\cdots$.

3. $\frac{\pi}{4}$.

4. $\ln\left(4-3x-x^2\right) = \ln 4 - \frac{3}{4}x - \frac{17}{32}x^2 - \frac{63}{192}x^3 - \cdots, -1 \leqslant x < 1$.

5. $f(x) = \frac{1}{4}\ln\frac{1+x}{1-x} + \frac{1}{2}\arctan x - x = \sum_{n=1}^{\infty}\frac{x^{4n+1}}{4n+1}, x \in (-1,1)$.

6. $f^{(n)}(1) = \frac{n!}{3^n}$.

7. $\sin x = \frac{1}{\sqrt{2}}\left[1 + (x-\pi/4) - \frac{(x-\pi/4)^2}{2!} - \frac{(x-\pi/4)^3}{3!} + \cdots\right]$, $-\infty < x < +\infty$.

8. $f(x) = \frac{1}{x^2} = \sum_{n=1}^{\infty}(-1)^{n+1}\frac{n}{2^{n+1}}(x-2)^{n-1}$, $0 < x < 4$.

9. $f(x) = \arctan\frac{1+x}{1-x} = \sum_{n=0}^{\infty}(-1)^n\int_0^x x^{2n}dx = \sum_{n=0}^{\infty}(-1)^n\frac{x^{2n+1}}{2n+1}$, $x \in (-1,1)$.

10. $f(x) = -\frac{1}{5}\sum_{n=0}^{\infty}\left[\frac{1}{3^{n+1}} + \frac{(-1)^n}{2^{n+1}}\right](x-1)^n$, $x \in (-1,3)$.

11. $a_n = \begin{cases} -(2k+1) + (-1)^k\frac{1}{(2k)!}4^k, & n = 2k \\ 2k+2, & n = 2k+1 \end{cases}$ $(k = 0,1,2,\cdots)$.

12. $f(x) = \frac{\pi}{4} - 2\sum_{n=0}^{\infty}\frac{(-1)^n 4^n}{2n+1}x^{2n+1}$, $x \in \left(-\frac{1}{2}, \frac{1}{2}\right)$; $\sum_{n=0}^{\infty}\frac{(-1)^n}{2n+1} = \frac{\pi}{4}$.

13. A.　　14. D.　　15. D.　　16. $\sum_{n=0}^{\infty}I_n = \ln\left(2+\sqrt{2}\right)$.　　17. 225.

6.4.6 函数的幂级数展开式的应用

1. 0.9461. 2. 6 300 万元. 3. (1) 8 400 万元; (2) 8 202 万元. 4. 650 万元.

5. 0.487. 6. 0.494 0. 7. $\mathrm{e}^x\cos x=\sum\limits_{n=0}^{\infty}\dfrac{2^{\frac{n}{2}}\cos\dfrac{n\pi}{4}}{n!}x^n,-\infty<x<+\infty$.

6.5 总复习题 6

一、1. A. 2. D. 3. C. 4. C. 5. C. 6. D.

二、1. $2k-1$; $\dfrac{1}{2k}$. 2. $|q|<1$; $|q|\geqslant 1$. 3. $p>1$; $p\leqslant 1$.

4. $\left[-\dfrac{1}{2},\dfrac{1}{2}\right]$. 5. $(-c,c)$, 其中 $c=\max\{a,b\}>0$. 6. $\sqrt{R}$.

三、1. 3. 2. (1) $s_n=\dfrac{1}{3}-\dfrac{1}{3(3n+1)}$; (2) $\dfrac{1}{3}$. 3. 条件收敛.

4. 收敛半径 $R=1$; 收敛域为[2, 4]. 5. $2\ln 2-1$.

6. (1) $(-1,1)$; (2) $s(x)=\dfrac{1}{2}\ln\left|\dfrac{1+x}{1-x}\right|$, $x\in(-1,1)$. 7. $\left[-\dfrac{1}{2},\dfrac{1}{2}\right]$. 8. $\dfrac{1}{2}$.

9. $\sum\limits_{n=0}^{\infty}\dfrac{(-1)^n}{2n+1}x^{2n+2}$, [−1,1]. 10. $-\dfrac{1}{7}\sum\limits_{n=0}^{\infty}\left[\dfrac{1}{5^{n+1}}+\dfrac{(-1)^n}{2^{n+1}}\right](x+3)^n$, $-5<x<-1$.

四、1. 略. 2. 略.

7.4 A 组练习题

7.4.1 微分方程的基本概念

1. (1) 三阶微分方程; (2) 一阶微分方程; (3) 一阶微分方程; (4) 不是微分方程;
   (5) 一阶微分方程; (6) 二阶微分方程;
2. (1) 一阶; (2) 二阶; (3) 三阶; (4) 三阶.
3. (1) $y'\sqrt{1-x^2}-\ln a\cdot y=0$; (2) $6y(y')^2+3y^2y''=0$.
4. (1) 当 $\lambda=1$ 时, 是微分方程的通解; (2) 是通解.
5. 验证略, $y=\left(x^2-\dfrac{\pi^2}{4}\right)\sin x$.
6. $\dfrac{\mathrm{d}P}{\mathrm{d}t}=k[D(P)-S(P)]\quad(k>0)$.
7. 6 h.
8. $\dfrac{\mathrm{d}^2x}{\mathrm{d}t^2}=g$.
9. (1) $y'=x^2$; (2) $yy'+2x=0$.

7.4.2　一阶微分方程

1. $y^2+1=C(x^2+1)$.

2. $y=\tan\left[\frac{1}{2}(1+x)^2+C\right]$.

3. $(1+x)(e^y-2)=C$.

4. $\tan\frac{y}{2x}=Cx$.

5. $y=\frac{1}{x^2}[\sin x-x\cos x]$.

6. A.　7. C.　8. C.　9. A

10. $\begin{cases} e^{2x}-1, & x\leqslant 1 \\ (1-e^{-2})e^{2x}, & x>1 \end{cases}$.

11. (1) $F'(x)+2F(x)=4e^{2x}$; (2) $F(x)=e^{2x}-e^{-2x}$.

7.4.3　可降阶的二阶微方程

1. (1) $y=\frac{1}{C}e^{Cx+1}\left(x-\frac{1}{C_1}\right)+C_2$; (2) $y=x\ln x-2x+C_1\ln x+C_2$;

(3) $\ln\left(\ln y+\sqrt{\ln^2 y+C_1}\right)=x+C_2$; (4) $y=\tan(C_1x+C_2)$;

(5) $y=-\ln|\cos(x+C)|+C_1$; (6) $y=\frac{1}{4}e^{2x}+\cos x+\frac{1}{2}x-\frac{5}{4}$;

2. (1) $y=\frac{a}{2}\left(e^{\frac{x}{2}}+e^{-\frac{x}{2}}\right)$; (2) $y=e^{-x}$; (3) $y=\frac{3}{2}x^2-\frac{x}{2}(\ln x)^2-2x+\frac{1}{2}$;

(4) $y^{\frac{1}{4}}=\frac{1}{2}x+1$; (5) $y=x^3+3x+1$.

3. $y=\frac{x}{2}+\frac{1}{2}$.　4. $y=\tan\left(x+\frac{\pi}{4}\right)$.

5. $y=\frac{x^3}{6}+\frac{x}{2}+1$.

6. $s=\frac{mg}{c}\left(t+\frac{m}{c}e^{-\frac{c}{m}t}-\frac{m}{c}\right)$.

7. $x=\frac{F_0}{m}\left(\frac{t^2}{2}-\frac{t^3}{6T}\right), 0\leqslant t\leqslant T$.

8. $y=\frac{a}{2}\left(e^{\frac{x}{2}}+e^{-\frac{x}{2}}\right)$.

9. $t=\frac{1}{R}\sqrt{\frac{l}{2g}}\left(\sqrt{lR-R^2}+l\arccos\sqrt{\frac{R}{l}}\right)$.

7.4.4 二阶线性微分方程的性质与解的结构

1. $y=C_1(x-1)+C_2(x^2-1)+1$. 2. C. 3. B. 4. 略. 5. 略. 6. 略.

7. $y=C_1\mathrm{e}^x+C_2(2x+1)$.

7.4.5 二阶常系数线性微分方程

1. $y''-2y'+2y=0$. 2. $-\frac{1}{y-1}=C_1x+C_2$. 3. $y=\mathrm{e}^{-x}[C_1\cos(2x)+C_2\sin(2x)]$.

4. $y=2+\mathrm{e}^{-x}$. 5. $y=x(1-\mathrm{e}^x)+2$. 6. D. 7. B. 8. B. 9. D. 10. D.

11. $y=\mathrm{e}^x\ln|x|$. 12. $f(x)=1+\ln x$. 13. $\frac{1+\mathrm{e}^{\pi}}{1+\pi}$. 14. $f(x)=\frac{1}{2}(\sin x+\cos x)$.

15. $f(t)=\mathrm{e}^{4\pi t^2}(4\pi t^2+1)$. 16. $y=-3\mathrm{e}^x+3\mathrm{e}^{2x}-2x\mathrm{e}^x$. 17. 等于2. 18. $y=x-\frac{5}{4}x^2$.

7.4.6 微分方程的应用举例

1. $xy=6$. 2. $x=x_0\mathrm{e}^{-k(t-t_0)}$.

3. 当 $x(t)<N$ 时，有 $\frac{\mathrm{d}x}{\mathrm{d}t}>0$, 即销量 $x(t)$ 单调增加. 当 $x(t)=\frac{N}{2}$ 时，有 $\frac{\mathrm{d}^2x}{\mathrm{d}t^2}=0$; 当 $x(t)>\frac{N}{2}$ 时，有 $\frac{\mathrm{d}^2x}{\mathrm{d}t^2}<0$; 当 $x(t)<\frac{N}{2}$ 时，即当销量达到最大需求量 N 的 50%时，产品最为畅销，当销量不足 N 的 50%时，销售速度不断增大，当销量超过 50%时，销售速度逐渐减小.

4. $(1-x)y''=\frac{1}{n}\sqrt{1+y'^2}$，乙行走至离 A 点 $\frac{n}{n^2-1}$ 个单位时被甲追到.

5. $t=-0.0305h^{\frac{5}{2}}+9.64$，水流完所需的时间约为 10 s.

6. $v=\sqrt{72\,500}\approx 269.3$ cm/s. 7. $t=1.068\times10^4=2$ h58 min. 8. $T=80\mathrm{e}^{-kt}+20$.

9. $T=20+17\mathrm{e}^{-kt}$. 10. (1) $\frac{\mathrm{d}W}{\mathrm{d}t}=0.05W-30$;

(2) $W=600+(W_0-600)\mathrm{e}^{0.05t}$;

(3) 由通解表达式可知，当 $W_0=500$ 百万元时，净资产额单调递减，公司将在第 36 年破产；当 $W_0=600$ 百万元时，公司收支平衡，将资产保持在 600 百万元不变；当 $W_0=700$ 百万元时，公司净资产将按指数不断增大.

7.4.7 差分方程

1. $y_t=C+(t-2)2^t$. 2. $y_t=C(-5)^{-t}+\frac{5}{12}\left(t-\frac{1}{6}\right)$. 3. $W_t=1.2W_{t-1}+2$.

4. (1) $y_t=-\frac{3}{4}+C5^t$， $y_t=-\frac{3}{4}+\frac{37}{12}5^t$；

(2) $y_t=\frac{1}{3}2^t+C(-1)^t$， $y_t=\frac{1}{3}2^t+\frac{5}{3}(-1)^t$；

(3) $y_t=-\frac{36}{125}+\frac{1}{25}t+\frac{2}{5}t^2+C(-4)^t$， $y_t=-\frac{36}{125}+\frac{1}{25}t+\frac{2}{5}t^2+\frac{161}{125}(-4)^t$；

(4) $y_t=\frac{1}{2}\left(\frac{5}{2}\right)^t+C\left(\frac{1}{2}\right)^t$， $y_t=\frac{1}{2}\left(\frac{5}{2}\right)^t-\frac{3}{2}\left(\frac{1}{2}\right)^t$.

5. $P_{n+1}-\frac{b_1}{b}P_n=\frac{a_1-a}{b}$，当$|b|>b$时，$\lim\limits_{n\to\infty}P_n=P_{\mathrm{e}}$；当$|b|<b$时，$\lim\limits_{n\to\infty}P_n=\infty$.

6. $Y_x=\left(Y_0-\frac{\beta}{1-\alpha}\right)A^t+\frac{\beta}{1-\alpha}$， $C_x=\alpha\left(Y_0-\frac{\beta}{1-\alpha}\right)A^t+\frac{\beta}{1-\alpha}$， $I_x=(1-\alpha)\left(Y_0-\frac{\beta}{1-\alpha}\right)A^t$.

7. 113.5 元.　8. 165.56 元.

9. $P_t=\left(P_0-\frac{2}{3}\right)(-2)^t+\frac{2}{3}$.

10. $P(n+1)=(1+b)P(n)-R$， $P(n)=\frac{R}{b}-(1+b)^2\left[\frac{R}{b}-P(0)\right]$.

7.5　总复习题 7

一、1. $(4-x)y^4=Cx$.　2. $2x\ln y=\ln^2 y+C$.　3. $x=Cy+\frac{1}{2}y^3$.

4. $y=C_1\mathrm{e}^{-x}+C_2\mathrm{e}^x+\frac{1}{2}x\mathrm{e}^x-2\cos x$.　5. $\mathrm{e}^y=\frac{1}{2}\left(\mathrm{e}^{2x}+1\right)$.

二、1. A.　2. D.　3. A.　4. D.　5. C.

三、1. $\mathrm{e}^y=\frac{1}{2}x^3+Cx$.　2. $y''+2y'+y=\frac{2}{x^3}\mathrm{e}^{-x}$.

3. (1) 求$f'(u)$代入验证即可; (2) $f(u)=\ln u$.

4. $y=C_1\mathrm{e}^{\alpha x}+C_2\mathrm{e}^{\beta x}+\frac{x}{\alpha-\beta}\left(\alpha\mathrm{e}^{\alpha x}-\beta\mathrm{e}^{\beta x}\right)(\alpha\neq\beta)$ 或 $y=(C_1+C_2x)\mathrm{e}^{\alpha x}+\alpha x^2\mathrm{e}^{\beta x}\ (\alpha=\beta)$.

5. $a=-3,b=2,c=-1$；通解: $y=C_1\mathrm{e}^x+C_2\mathrm{e}^{2x}+x\mathrm{e}^x$.

6. $f(x)=1$.

7. (1) 收敛域$(-\infty,+\infty)$; (2) $y''-y=1+\sum\limits_{n=2}^{\infty}\frac{x^{2n-2}}{(2n-2)!}-\left[2+\sum\limits_{n=1}^{\infty}\frac{x^{2n}}{(2n)!}\right]=-1$；

(3) $y(x)=\frac{1}{2}(\mathrm{e}^x-\mathrm{e}^{-x})+1$.

8. $\frac{1+\mathrm{e}^{\pi}}{1+\pi}$.

9. 通解 $y(x)=\begin{cases}\left(C+\dfrac{1}{2}\right)e^{2x}-e^{x}, & x\geqslant 0\\ Ce^{2x}-x-\dfrac{1}{2}, & x<0\end{cases}$；特解 $y(x)=\begin{cases}\dfrac{1}{2}e^{2x}-e^{x}, & x\geqslant 0\\ -x-\dfrac{1}{2}, & x<0\end{cases}$.

10. $y_t=C+2^t(t-2)$.

8.4 A组练习题

8.4.1 空间解析几何简介

1. (1) √; (2) √; (3) √; (4) ×; (5) ×; (6) √; (7) √; (8) √.

2. (1) 椭球面; 双叶旋转双曲面; 锥面; 旋转抛物面; 单叶旋转双曲面; 鞍面; 抛物面; 椭圆柱面;

(2) z 轴; (3) (1,2, −3), 2;

(4) $(x-1)^2+(y-3)^2+(z+2)^2=14$;

(5) $Ax+By+Cz=0$; $By+Cz+D=0$; $Cz+D=0$.

3. $\sqrt{(x+5)^2+y^2+z^2}+\sqrt{(x-5)^2+y^2+z^2}=20$.

4. (1) 直线, 平面; (2) 双曲线, 双曲柱面; (3) 抛物线, 抛物柱面.

5. $5(x^2+y^2+z^2)+50x+18y+9z-37=0$, 球面.

6. $2(x^2+y^2+z^2)-7x-4y-3z=0$.

7. $\begin{cases}x^2+y^2=2\\ z=0\end{cases}$.

8. 略. 9. 略.

10. $4x^2-9(y^2+z^2)=36; 4(x^2+z^2)-9y^2=36$.

11. $\begin{cases}y+z-1=0\\ x=0\end{cases}$; $y+z-1=0$.

12. (1) $x-2y+4=0$; (2) $7x-3y+z-16=0$;

(3) $x+y+z=4$; (4) $x+3z-4=0$.

13. $\dfrac{x}{4}+\dfrac{y}{2}+\dfrac{z}{4}=1$.

8.4.2 多元函数的基本概念

1. (1)×; (2)×; (3)√.

2. (1) $\{(x,y)\,|\,x=2k\pi, y=2k\pi, k=0,1,2\cdots\}$; $2<x^2+y^2\leqslant 4$; (2) 1; (3) a; $\dfrac{\pi}{6}$.

3. (1) C; (2)D; (3) A.

4. (1) 1; 1; 0; 1; (2) $\dfrac{2xy}{x^2+y^2}$. 5. 略.

6. (1) $+\infty$; (2) 1.
7. (1) (0, 0); (2) $y^2=2x$.
8. 略.
9. (1) 在整个平面上连续;
(2) 在 x 轴上除点(0,0)外的各点间断，在平面的其余点处都连续;
(3) 在整个平面上连续.
10. $\alpha>2$.

8.4.3 偏导数及其在经济中的应用

1. (1) $2(x-2y)-\mathrm{e}^{-x}+\mathrm{e}^{2y-x}$; (2) $\left(\dfrac{\pi}{\mathrm{e}}\right)^2$; (3) 1/2; (4) $y+\dfrac{\partial u}{\partial x}$.

2. (1) A; (2) A; (3) B; (4) B.

3. $z_x'(0,0)=z_y'(0,0)=0$.

4. (1) $\dfrac{\partial u}{\partial x}=\dfrac{z(x-y)^{z-1}}{1+(x-y)^{2z}}$, $\dfrac{\partial u}{\partial y}=\dfrac{-z(x-y)^{z-1}}{1+(x-y)^{2z}}$, $\dfrac{\partial u}{\partial z}=\dfrac{(x-y)^z\ln(x-y)}{1+(x-y)^{2z}}$;

(2) $\dfrac{\partial u}{\partial x}=z\left(\dfrac{x}{y}\right)^{z-1}\cdot\dfrac{1}{y}=\dfrac{z}{y}\cdot\left(\dfrac{x}{y}\right)^{z-1}, \dfrac{\partial u}{\partial y}=-z\cdot\dfrac{x^z}{y^{z+1}}=-\dfrac{x^z\cdot z}{y^{z+1}}, \dfrac{\partial u}{\partial z}=\left(\dfrac{x}{y}\right)^z\ln\dfrac{x}{y}$;

(3) $\dfrac{\partial z}{\partial x}=y(1+xy)^{y-1}y=y^2(1+xy)^{y-1}$,

$$\frac{\partial z}{\partial y}=\mathrm{e}^{y\ln(1+xy)}\left[\ln(1+xy)+y\frac{x}{1+xy}\right]=(1+xy)^y\left[\ln(1+xy)+y\frac{x}{1+xy}\right];$$

(4) $\dfrac{\partial u}{\partial x}=y^zx^{y^z-1}$, $\dfrac{\partial u}{\partial y}=zy^{z-1}x^{y^z}\ln x$, $\dfrac{\partial u}{\partial z}=x^{y^z}(\ln x)y^z\ln y$.

5. $$\frac{\partial z}{\partial x}=\begin{cases}\dfrac{y^3}{(x^2+y^2)^{\frac{3}{2}}}, & x^2+y^2\neq 0\\ 0, & x^2+y^2=0\end{cases};\quad \frac{\partial z}{\partial y}=\begin{cases}\dfrac{x^3}{(x^2+y^2)^{\frac{3}{2}}}, & x^2+y^2\neq 0\\ 0, & x^2+y^2=0\end{cases}.$$

6. 略. 7. 略. 8. 略.

8.4.4 全微分

1. (1) √; (2) √; (3) √.

2. (1) C; (2) B; (3) C; (4) D; (5) D.

3. (1) $\mathrm{d}z=-\dfrac{2y}{(x-y)^2}\mathrm{d}x+\dfrac{2x}{(x-y)^2}\mathrm{d}y=\dfrac{2}{(x-y)^2}[x\mathrm{d}y-y\mathrm{d}x]$;

(2) $\mathrm{d}u=yzx^{yz-1}\mathrm{d}x+zx^{yz}\ln x\mathrm{d}y+yx^{yz}\ln x\mathrm{d}z$;

(3) $\mathrm{d}z=[(2x+y)\mathrm{d}x+(2y-x)\mathrm{d}y]\mathrm{e}^{-\arctan\frac{y}{x}}$;

(4) $\mathrm{d}z=\dfrac{abx\mathrm{d}y-aby\mathrm{d}x}{\sqrt{(ax+by)(ax-by)^3}}$.

4. $f(x,y)=\dfrac{1}{3}x^3+x^2y-xy^2-\dfrac{1}{3}y^3+c$ (c 为常数).

5. (1) $g(0,0)=0$; (2)可微.

6. $f(x,y)$ 在点(0,0)连续，偏导数存在但偏导数不连续，可微.

7. 10.603 3.

8.4.5 多元复合函数求导法则

1. (1) $x^{xy}\cdot y(\ln x+1)$; (2) e^t; $-\dfrac{4}{t^3}-\dfrac{1}{2\sqrt{t}}+\mathrm{e}^t$;

(3) $\dfrac{\partial^2 u}{\partial x^2}$; $1+\dfrac{\partial^2 u}{\partial x\partial y}$; (4) $2(x-2y)-\mathrm{e}^{-x}+\mathrm{e}^{2y-x}$;

(5) $4xyf''(x^2+y^2+z^2)$; (6) $-\dfrac{g'(v)}{[g(v)]}$; (7) 0;

(8) $2\ln 2+1$; (9) $(2\ln 2+1)(\mathrm{d}x-\mathrm{d}y)$; (10) $yf_1'+\dfrac{f_2'}{y}-\dfrac{yg'}{x^2}$.

2. (1) $\dfrac{\partial z}{\partial x}=\dfrac{\mathrm{e}^{uv}}{x^2+y^2}(xv-yu)=\dfrac{\mathrm{e}^{\ln\sqrt{x^2+y^2}\cdot\arctan\frac{y}{x}}}{x^2+y^2}\left(x\arctan\dfrac{y}{x}-y\ln\sqrt{x^2+y^2}\right)$;

$\dfrac{\partial z}{\partial y}=\dfrac{\mathrm{e}^{uv}}{x^2+y^2}(yv+xu)=\dfrac{\mathrm{e}^{\ln\sqrt{x^2+y^2}\cdot\arctan\frac{y}{x}}}{x^2+y^2}\left(x\arctan\dfrac{y}{x}+x\ln\sqrt{x^2+y^2}\right)$;

(2) $\dfrac{\partial u}{\partial x}=f_1'\cdot\dfrac{1}{y}+f_2'\cdot 0=\dfrac{1}{y}f_1'$;

$\dfrac{\partial u}{\partial y}=f_1'\cdot\dfrac{-x}{y^2}+f_2'\cdot\dfrac{1}{z}=\dfrac{1}{z}f_2'-\dfrac{x}{y^2}f_1'$;

$\dfrac{\partial u}{\partial z}=f_1'\cdot 0+f_2'\cdot\dfrac{-y}{z^2}=\dfrac{y}{z^2}f_2'$;

(3) $\dfrac{\partial z}{\partial x}=v\cdot u^{v-1}\cdot 6x+u^v\cdot\ln u\cdot 4$

$=6x(4x+2y)(3x^2+y^2)^{4x+2y-1}+4(3x^2+y^2)^{4x+2y}\ln(3x^2+y^2)$;

$\dfrac{\partial z}{\partial y}=v\cdot u^{v-1}\cdot 2y+u^v\cdot\ln u\cdot 2$

$=2y(4x+2y)(3x^2+y^2)^{4x+2y-1}+2(3x^2+y^2)^{4x+2y}\ln(3x^2+y^2)$.

3. $\dfrac{\partial^2 z}{\partial x\partial y}=\cos(xy)-xy\sin(xy)+\varphi_{12}''\cdot\left(-\dfrac{x}{y^2}\right)+\left(-\dfrac{1}{y^2}\right)\cdot\varphi_2'+\dfrac{1}{y}\cdot\varphi_{22}''\cdot\left(-\dfrac{x}{y^2}\right)$

$=\cos(xy)-xy\sin(xy)-\dfrac{x}{y^2}\varphi_{12}''-\dfrac{1}{y^2}\varphi_2'-\dfrac{x}{y^3}\varphi_{22}''$.

4. $(x+30)(y+40)(z+50)\mathrm{e}^{x+y+z}$.

5. $u''_{xx}=\left(\frac{-y}{x^2}f'_1\right)'_x+(2xyf'_2)'_x$

$$=\frac{2y}{x^3}f'_1+\left(-\frac{y}{x^2}\right)\left[f''_{11}\left(-\frac{y}{x^2}\right)+f''_{12}(2xy)\right]+2yf'_2+2xy\left[f''_{21}\left(-\frac{y}{x^2}\right)+f''_{22}\cdot(2xy)\right]$$

$$=\frac{y^2}{x^4}f''_{11}-\frac{4y^2}{x}f''_{12}+4x^2y^2f''_{22}+\frac{2y}{x^3}f'_1+2yf'_2;$$

$$u''_{xy}=\left(\frac{-y}{x^2}f'_1\right)'_y+(2xyf'_2)'_y$$

$$=-\frac{1}{x^2}f'_1+\left(-\frac{y}{x^2}\right)\left[f''_{11}\left(\frac{1}{x}\right)+f''_{12}x^2\right]+2xf'_2+2xy\left[f''_{21}\left(\frac{1}{x}\right)+f''_{22}\cdot x^2\right]$$

$$=-\frac{y}{x^3}f''_{11}+yf''_{12}+2x^3yf''_{22}-\frac{1}{x^2}f'_1+2xf'_2;$$

$$u''_{yy}=\frac{1}{x}(f'_1)'_y+x^2(f'_2)'_y=\frac{1}{x}\left(f''_{11}\cdot\frac{1}{x}+f''_{12}\cdot x^2\right)+x^2\left(f''_{21}\cdot\frac{1}{x}+f''_{22}x^2\right)=\frac{1}{x^2}f''_{11}+2xf''_{12}+x^4f''_{22}.$$

6. $\frac{\partial^2 g}{\partial x^2}+\frac{\partial^2 g}{\partial y^2}=x^2+y^2$.

7. $x^2\frac{\partial^2 g}{\partial x^2}-y^2\frac{\partial^2 g}{\partial y^2}=\frac{2y}{x}f'\left(\frac{y}{x}\right)$.

8. 略. 9. 0.

10. $-2\mathrm{e}^{-x^2y^2}$ 11. 略.

8.4.6 隐函数的求导公式

1. (1) $\frac{x+y}{x^2+y^2}$; $\frac{y-x}{x^2+y^2}$; $\frac{x+y}{x-y}$; (2) $\frac{yx^{y-1}}{1-x^y\ln x}$; (3) 1; (4) 2; (5) 4.

2. $\dfrac{y\varphi\left(\frac{z}{y}\right)-z\varphi'\left(\frac{z}{y}\right)}{2yz-y\varphi'\left(\frac{z}{y}\right)}$.

3. $\frac{\partial z}{\partial x}=-\frac{F'_u+2xF'_v}{F'_u+2zF'_v}$, $\frac{\partial z}{\partial y}=-\frac{F'_u+2yF'_v}{F'_u+2zF'_v}$.

4. $-\frac{3}{25}$. 5. 略. 6. 略. 7. 略. 8. 略. 9. 略.

10. $\mathrm{d}u=\frac{(\sin v+x\cos v)\mathrm{d}x-(\sin u-x\cos v)\mathrm{d}y}{x\cos v+y\cos u}$;

$$\mathrm{d}v=\frac{-(\sin v-y\cos u)\mathrm{d}x+(\sin u+y\cos u)\mathrm{d}y}{x\cos v+y\cos u}.$$

11. $\dfrac{\partial f}{\partial x}+\dfrac{\partial f}{\partial y}\cos x-\dfrac{\partial f}{\partial z}\cdot\dfrac{1}{\varphi_3'}\left(2x\varphi_1'+\mathrm{e}^{\sin x}\cos x\varphi_2'\right)$.

12. 3.

13. $\dfrac{f_x'\cdot F_t'-f_t'F_x'}{F_t'+f_t'F_y'}$.

14. (1) $\mathrm{d}z=-\dfrac{1}{1+\varphi'}[(2x-\varphi')\mathrm{d}x+(2y-\varphi')\mathrm{d}y]$. (2) $\dfrac{\partial u}{\partial x}=-\dfrac{2(1+2x)\varphi''}{(1+\varphi')^3}$.

15. $\dfrac{\partial u}{\partial x}=\dfrac{\partial f}{\partial x}-\dfrac{x}{y}\cdot\dfrac{\partial f}{\partial y}+\left[1-\dfrac{\mathrm{e}^x(x-z)}{\sin(x-z)}\right]\dfrac{\partial f}{\partial z}$.

8.4.7 多元函数的极值及其求法

1. (1) B; (2) A; (3) A; (4) D; (5) C.

2. (1) $\left(\dfrac{1}{2},\ -1\right)$为极小值点, 其极小值为$f\left(\dfrac{1}{2},-1\right)=-\dfrac{\mathrm{e}}{2}$;

(2) 无极值;

(3) 当$x=2a-b,2b-a$时, z取得极小值$3(ab-a^2-b^2)$;

(4) $\left(\dfrac{ab^2}{a^2+b^2},\ \dfrac{a^2b}{a^2+b^2}\right)$为函数$z$的极小值点, 极小值为$\dfrac{a^2b^2}{a^2+b^2}$.

3. (1) 斜边长为l的一切直角三角形中, 周长最大的是等腰直角三角形;

(2) $\dfrac{2\sqrt{3}}{3}a,\ \dfrac{2\sqrt{3}}{3}a,\dfrac{\sqrt{3}}{3}a$, 最大体积值为$V=\dfrac{4\sqrt{3}}{9}$(立方单位);

(3) 当矩形的边长分别为$\dfrac{2}{3}p,\dfrac{p}{3}$时, 绕短边旋转所得到的圆柱体体积最大;

(4) ①$Q_1=4,Q_2=5$时利润最大, 最大利润为 52 万元;

②当$Q_1=5,Q_2=4$(价格$P_1=P_2=6$)时可获得最大利润 49 万元;

由以上结论可知, 实行价格差别策略所得到利润要大于实行价格无差别策略所获得的利润;

(5) 当生产甲产品 70 件, 乙产品 30 件时, 企业获得最大利润, 最大利润为$L(70,30)=145$万元.

4. 最大值 72, 最小值 6.

5. $\left.\dfrac{\partial^2 z}{\partial x\partial y}\right|_{(1,1)}=f_{11}''(2,2)+f_2'(2,2)\cdot f_{12}''(1,1)$.

8.5 总复习题 8

一、1. C. 2. D. 3. C. 4. B. 5. A. 6. D.

二、1. $\{(x,y)|x+y\geqslant 1\}$. 2. 0. 3. 1. 4. $\dfrac{1}{\mathrm{e}^z-1}$.

5. 4. 6. $e^{\sin(xy)}\cos(xy)(y\mathrm{d}x+x\mathrm{d}y)$.

三、1. $\dfrac{\partial z}{\partial x}=\dfrac{2x}{y^2}\ln(3x-2y)^2+\dfrac{6x^2}{y^2(3x-2y)}$, $\dfrac{\partial z}{\partial y}=-\dfrac{2x}{y^2}\ln(3x-2y)^2-\dfrac{4x^2}{y^2(3x-2y)}$.

2. $\dfrac{\partial z}{\partial x}=\dfrac{2}{y}\csc\dfrac{2x}{y}$, $\dfrac{\partial z}{\partial y}=-\dfrac{2x}{y^2}\csc\dfrac{2x}{y}$.

3. $u'_x=f'_1\cdot\left[\dfrac{\partial(x^2-y^2)}{\partial x}\right]+f'_2\cdot\dfrac{\partial(e^{xy})}{\partial x}=2xf'_1+ye^{xy}f'_2$;

$u'_y=f'_1\cdot\left[\dfrac{\partial(x^2-y^2)}{\partial y}\right]+f'_2\cdot\dfrac{\partial(e^{xy})}{\partial y}=-2yf'_1+xe^{xy}f'_2$.

4. $xf''_{12}+xyf''_{22}+xyf'_2$.

5. $\mathrm{d}z=-\dfrac{y}{x^2}e^{\frac{y}{x}}\mathrm{d}x+\dfrac{1}{x}e^{\frac{y}{x}}\mathrm{d}y$.

四、1. 当$x=y=8, z=4$时, S取得极小值, 也是最小值, 即所用涂料最省.

2. A : 4 单位, B:2 单位.

3. 点(5, 2)为z的极小值点, 极小值$z(5, 2)=30$.

五、证明 略.

9.4 A组练习题

9.4.1 二重积分的概念与性质

1. (1) $\iint\limits_{|x|+|y|\leqslant 1}\ln(x^2+y^2)\mathrm{d}x\mathrm{d}y<0$; (2) $\iint\limits_{x^2+y^2\leqslant 5}\sqrt[3]{1-x^2-y^2}\mathrm{d}x\mathrm{d}y<0$;

(3) $\iint\limits_{\substack{0\leqslant x\leqslant 1\\ -1\leqslant y\leqslant 1-x}}\arcsin(x+y)\mathrm{d}x\mathrm{d}y>0$.

2. (1) C; (2) A; (3) B; (4) B; (5) A.

3. (1) $0\leqslant I\leqslant 2$. (2) $0\leqslant I\leqslant \pi^2$; (3) $\dfrac{100}{51}\leqslant I\leqslant 2$. 4. 略.

5. 21π. 6. $I_2\leqslant I_1\leqslant I_3\leqslant I_4$. 7. 略. 8. 略. 9. $f(a,b)$. 10.1.

9.4.2 二重积分的计算

1. $\dfrac{1}{2}$. 2. (1) D; (2) B; (3) B; (4) B; (5) A.

3. $\dfrac{e-1}{2}$. 4. a^2. 5. $\dfrac{1}{3}-\dfrac{2}{3e}$. 6. $-\dfrac{2}{3}$. 7. $\dfrac{\pi}{2}(1+e^{\pi})$. 8. $\dfrac{2}{9}$.

9. $\dfrac{19}{4}+\ln 2$. 10. $\dfrac{416}{3}$. 11. $-\dfrac{3}{4}$. 12. $\dfrac{\pi}{4}-\dfrac{2}{5}$. 13. $\dfrac{8}{15}$.

14. $\dfrac{2-\sqrt{2}}{16}\pi$. 15. $\dfrac{\sqrt{3}}{16}\left(\dfrac{\pi}{2}-1\right)$.

9.5 总复习题 9

一、1. 连续. 2. 以 $z=f(x,y)$ 为曲顶, 以 D 为底的曲顶柱体体积的代数和.

3. $\leqslant$.

4. $\int_{-\frac{\pi}{2}}^{\frac{\pi}{2}}\mathrm{d}\theta\int_0^{2\cos\theta}rf(r^2,\theta)\mathrm{d}r$.

5. $\int_{\frac{\pi}{4}}^{\frac{5\pi}{4}}\mathrm{d}\theta\int_1^2 r\mathrm{e}^r\mathrm{d}r$.

二、1. A. 2. C. 3. A. 4. D. 5. B.

三、1. π . 2. $\frac{3}{8}\mathrm{e}-\frac{1}{2}\mathrm{e}^{\frac{1}{2}}$. 3. 9/4. 4. $\frac{\pi}{8}(\pi-2)$. 5. $\sqrt{2}-1$. 6. $\frac{5}{2}\pi$.

模 拟 题 一

一、1. C. 2. B. 3. D. 4. C. 5. A.

二、1. $\frac{\pi}{2}$. 2. 1. 3. $\frac{u-v}{u^2+v^2}$. 4. $\frac{1}{3}\mathrm{d}x+\frac{2}{3}\mathrm{d}y$.

5. $\sum_{n=0}^{\infty}\frac{x^{2n}}{n!}\ (-\infty<x<+\infty)$ 或 $1+x^2+\frac{x^4}{2}+\frac{x^6}{3!}+\cdots+\frac{x^{2n}}{n!}+\cdots\ (-\infty<x<+\infty)$.

三、1. $\ln 2+1-\ln(1+\mathrm{e})$. 2. $\frac{2}{3}$. 3. $y=Cx+\frac{1}{2}x^2$. 4. 2.

四、1. 4. 2. $(-1,1)$; $\frac{x}{(1-x)^2}$, $x\in(-1,1)$.

五、(1) $x=0.75, y=1.25$ 时利润为最大; (2) 当费用全部用作报纸广告时利润最大.

六、略.

模 拟 题 二

一、1. $(-1,2)$. 2. 0.5. 3. 2.

4. $\int_0^1\mathrm{d}x\int_0^{x^2}f(x,y)\mathrm{d}y+\int_1^{\sqrt{2}}\mathrm{d}x\int_0^{\sqrt{2-x^2}}f(x,y)\mathrm{d}y$.

5. $y=-\sin x+3x+1$.

二、1. B. 2. B. 3. C. 4. D. 5. A.

三、1. $\frac{1}{3}$. 2. $10\frac{2}{3}$. 3. $xF\left(\frac{y}{x}\right)-2yF'\left(\frac{y}{x}\right)$. 4. $\frac{1}{2}(1-\cos 1)$.

四、1. $(-1, 1)$, $\frac{1+x^2}{(1-x^2)^2}$, $\sum_{n=0}^{\infty}\frac{2n+1}{3^{2n}}=s\left(\frac{1}{3}\right)=\frac{45}{32}$.

2. $\frac{1}{2}\mathrm{e}^{2x}-\frac{1}{2}$.

五、(1)最大利润为 605; (2)最大利润为 541.
六、略

模 拟 题 三

一、1. B. 2. B. 3. C. 4. B. 5. A.

二、1. dx. 2. $\frac{1}{3}\mathrm{d}x+\frac{2}{3}\mathrm{d}y$. 3. 收敛. 4. $\frac{3}{2}$. 5. $\mathrm{e}^x+\mathrm{e}^{-y}=C$.

三、1. $\frac{2\sqrt{2}-1}{3}$. 2. e^{-1}.

3. $\frac{\partial^2 z}{\partial x^2}=2\cos(x^2+2y)-4x^2\sin(x^2+2y)$;

$\frac{\partial^2 z}{\partial x\partial y}=\frac{\partial^2 z}{\partial y\partial x}-4x\sin(x^2+2y)$; $\frac{\partial^2 z}{\partial y^2}=-4\sin(x^2+2y)$.

4. $f(x)=\sum_{n=0}^{\infty}(-1)^n\frac{(x-2)^n}{5^{n+1}}$, $-3<x<7$.

四、1. $y=-x+\frac{1}{2}x^2$.

2. 收敛半径 $R=1$; 收敛域为[2,4].

五、(1) $\frac{8}{3}$; (2) $\frac{16}{3}\pi$.

六、略.

第 6 章 B 组练习题

常数项级数的概念与性质

1. (1) 3 ; (2) 0 ; (3) $\frac{3}{2}$; (4) $3-u_1-u_2$; (5) 1 ; (6) $\frac{x}{1-x}$.
2. (1) 收敛, 和为$\frac{1}{2}$; (2) 收敛, 和为$1-\sqrt{2}$.
3. (1) 发散; (2) 收敛; (3) 发散; (4) 发散; (5) 收敛; (6) 发散; (7) 发散.

正项级数

1. C.
2. (1) 收敛; (2) 发散; (3) 发散; (4) 收敛.
3. (1) 发散; (2) 收敛; (3) 收敛; (4) 收敛.

任意项级数

1. A.
2. (1) 收敛; (2) 收敛; (3) 发散; (4) 收敛.

3. (1) 绝对收敛; (2) 条件收敛; (3) 条件收敛; (4) 条件收敛.

4. 略.

幂级数

1. (1) 收敛; (2) $\sqrt{2}$; (3) $\left(-\frac{1}{3},\frac{1}{3}\right]$; (4) $(-3,3)$; (5) $[-\sqrt{2},\sqrt{2}]$; (6) $[1,3)$.

2. D. 3.(1) $\left[-\frac{1}{2},\frac{1}{2}\right]$; (2) $(-\sqrt[3]{2},\sqrt[3]{2})$; (3) $[0,6)$.

4. (1) $\frac{1}{(1-x)^2}, x\in(-1,1)$; (2) $\frac{1}{2}\ln\frac{1+x}{1-x}, x\in(-1,1)$. 5. $(-1,1), \frac{3x-x^2}{(1-x)^2}$.

泰勒级数 函数的幂级数展开式

1. $x^3\ln x=(x-1)+\frac{5}{2!}(x-1)^2+\frac{11}{3!}(x-1)^3+\frac{6}{4!}(x-1)^4-\frac{6}{5!\xi^2}(x-1)^5$，其中，$\xi$ 在 1 与 x 之间.

2. $\frac{1}{3-x}=\frac{1}{2}+\frac{x-1}{2^2}+\frac{(x-1)^2}{2^3}+\cdots+\frac{(x-1)^n}{2^{n+1}}+o[(x-1)^n]$.

3. $x\mathrm{e}^{-x}=x-x^2+\frac{x^3}{2!}-\cdots+\frac{(-1)^{n-1}x^n}{(n-1)!}+o(x^n)$.

4. (1) $\ln(a+x)=\ln a+\sum_{n=1}^{\infty}(-1)^{n-1}\frac{1}{na^n}x^n, x\in(-a,a]$; (2) $a^x=\sum_{n=0}^{\infty}\frac{(\ln a)^n}{n!}x^n, x\in(-\infty,+\infty)$;

(3) $\sin^2 x=\sum_{n=1}^{\infty}(-1)^{n-1}\frac{2^{2n-1}}{(2n)!}x^{2n}, x\in(-\infty,+\infty)$.

5. $\frac{2x+1}{x^2+x-2}=\sum_{n=0}^{\infty}(-1)^n\left(1+\frac{1}{4^{n+1}}\right)(x-2)^n, x\in(1,3)$.

6. $\mathrm{e}^{3x}=\sum_{n=0}^{\infty}\frac{\mathrm{e}^3 3^n}{n!}(x-1)^n, x\in(-\infty,+\infty)$.

函数的幂级数展开式的应用

1. 0.693 1. 2. 0.520 5. 3. 0.156 43. 4. (1) $\frac{\sqrt{2}}{2}\ln\left(1+\sqrt{2}\right)$. (2) $\frac{\sqrt{3}}{6}\pi-1$.

第 7 章 B 组练习题

微分方程的基本概念

1. (1) 二; (2) 3; (3) $y'=-\frac{x}{y}$; (4) $(xy'-y)^2(1+y'^2)=a^2y'^2$;

(5) $p_0 e^{rt}$; (6) $\begin{cases}\dfrac{dy}{dx}=y+1\\ y(0)=0\end{cases}$.

2. $k=-0.03$, C 为任意常数. 3. 不对. 4. 对 y 求导代入验证即可.

一阶微分方程(一)

1. (1) $\arcsin y-\arcsin x=c$; (2) $2e^{3x}-3e^{-y^2}=C$; (3) $-3\ln|2-e^x|+\ln|\tan y|=c$;

2. (1) $\cos x-\sqrt{2}\cos y=0$; (2) $2(x^3-y^3)+3(x^2-y^2)+5=0$. 3. $R=R_0 e^{-\frac{\ln 2}{1600}t}$.

一阶微分方程(二)

1. (1) $Y+y^*$; (2) $\dfrac{c}{x}+\dfrac{x-1}{x}\cdot e^x$; (3) $z=\dfrac{1}{y}$; (4) $\sqrt{x^2+y^2}=ce^{-\arctan\frac{y}{x}}$;

(5) $x+2ye^{\frac{x}{y}}=c$.

2. (1) $y=\dfrac{1}{3}x^2+\dfrac{3}{2}x+2+\dfrac{c}{x}$; (2) $x=y^2\left(1+ce^{\frac{1}{y}}\right)$.

3. $y\sin x+5e^{\cos x}=1$.

4. (1) $y=-x+\tan(x+c)$; (2) $y=\dfrac{1}{x}e^{cx}$.

5. $y=2(e^x-x-1)$. 6. $f(x)=\dfrac{1}{2}(e^{2x}+1)$.

可降价的二阶微分方程

1. (1) $y=x\arctan x-\dfrac{1}{2}\ln(1+x^2)+c_1x+c_2$; (2) $y=\ln|\cos(x+c_1)|+c_2$;

(3) $y=-\dfrac{x^2}{2}-x+c_1e^x+c_2$; (4) $x+c_2=y-c_1\ln|y+c_1|$; (5) $1-y=(c_1x+c_2)^{-1}$.

2. $y=\sqrt{2x-x^2}$.

3. (1) $y=-\dfrac{1}{a}\ln(ax+1)$; (2) $y=\dfrac{1}{a^2}e^{ax}-\dfrac{1}{a}e^a x+\dfrac{a-1}{a^2}e^a$.

4. $y=\dfrac{1}{6}x^3+\dfrac{1}{2}x+1$.

二阶线性微分方程的性质与解的结构

1. $y=(c_1+c_2x)e^{x^2}$.
2. 求函数的导数代入微分方程验证即可.
3. 同 2.

二阶常系数线性微分方程(一)

1. (1) $y=c_1e^{4x}+c_2$; (2) $y=(c_1+c_2x)e^{-2x}$; (3) $y=e^{-x}[c_1\cos(2x)+c_2\sin(2x)]$;

(4) 当$a<1$时, $y=c_1e^{\left(-1+\sqrt{1-a}\right)x}+c_2e^{\left(-1-\sqrt{1-a}\right)x}$; 当$a=1$时, $y=(c_1+c_2x)e^{-x}$;

当$a>1$时, $y=e^{-x}\left(c_1\cos\sqrt{a-1}x+c_2\sin\sqrt{a-1}x\right)$;

(5) $y=e^{2x}(c_1\cos x+c_2\sin x)$. (6) $y''-6y'+8y=0$.

2. (1) $y=4e^{x}+2e^{3x}$; (2) $y=(2+x)e^{-\frac{x}{2}}$; (3) $y=e^{2x}\sin(3x)$.

3. $y''-2y'+y=0$. 4. $y=\frac{2}{3}\cos\frac{3}{2}x+\sin\frac{3}{2}x$.

二阶常系数线性微分方程(二)

1. (1) $(a+bx)e^{x}$; (2) $a\cos x+b\sin x$; (3) $x[a\cos(2x)+b\sin(2x)]e^{x}$;

(4) $x(ax+b)+(c\cos x+d\sin x)$; (5) $x(ax+b)+(cx+d)\cos(2x)+(ex+f)\sin(2x)$.

2. (1) $y=c_1e^{-x}+c_2e^{-2x}+e^{-x}\left(\frac{3}{2}x^2-3x\right)$; (2) $y=c_1\cos x+c_2\sin x+\frac{1}{2}e^{x}+\frac{x}{2}\sin x$.

3. $y=e^{x}-e^{-x}+e^{x}(x^2-x)$.

4. $y=\frac{2}{3}e^{2x}-\frac{2}{3}e^{-x}-xe^{-x}$.

微分方程的应用举例

1. (1) $Q=P^{-P}$; (2) $\lim\limits_{p\to+\infty}Q=0$. 2. e^{-P^3}.

3. (1) $P_e=\left(\frac{a}{b}\right)^{\frac{1}{3}}$; (2) $P(t)=[P_e^3+(1-P_e^3)e^{-3kbt}]^{\frac{1}{3}}$; (3) $\lim\limits_{t\to+\infty}P(t)=P_e$.

差分方程

1. (1) $y_t=ca^t$; (2) $y_t^*=x^kQ_n(x)$. $k=0$; $k=1$.

2. (1) $y_t=c\left(\frac{3}{2}\right)^t$; (2) $y_t=c(-1)^t$; (3) $y=c$.

3. (1) $y_t=c\cdot5^t-\frac{3}{4}$; (2) $y_t=c(-4)^t+\frac{2}{5}t^2+\frac{1}{25}t-\frac{14}{125}$; (3) $y_t=\frac{2^{t+1}}{3}+c\left(\frac{1}{2}\right)^t$.

第 8 章 B 组练习题

空间解析几何简介

1. (1) A: 第四卦限; B: 第五卦限; C: 第八卦限; D: 第三卦限;

(2) $5\sqrt{2}$; $\sqrt{34}$; 5; 5;

(3) (3, −4, −5); (−3, −4, 5); (3, 4, 5); (3, 4, −5); (−3, −4, −5); (−3, 4, 5); (−3, 4, −5).

2. (1)5; (2) $3\sqrt{5}$.

3. $\left(0,0,\dfrac{14}{9}\right)$.

4. (0, 1, 6).

5. 球心(1,0, −1), 半径 $\sqrt{2}$.

6. (1) 圆柱面. 图形略. (2) 旋转抛物面. 图形略. (3)球面. 图形略. (4) 平面. 图形略.

多元函数的基本概念

1. (1) $t^2 f(x,y)$; (2) $x^2\dfrac{1-y}{1+y}$; (3) $\left\{(x,y)\middle|0<x^2+y^2<1, y^2\leqslant 4x\right\}$;

(4) $\left\{(x,y)\middle|x\geqslant 0, y\geqslant 0, x^2\geqslant y\right\}$. (5) $\left\{(x,y)\middle|y^2-2x=0\right\}$.

2. (1) $-\dfrac{1}{4}$; (2) 0; (3) 0; (4) 0.

3. $\dfrac{\sqrt{2}}{\ln 3-2\ln 2}$.

4. $f(x,y)$处处连续.

5. 略.

偏导数及其在经济中的应用

1. (1) $e^{xy}(xy+y^2+1), e^{xy}(xy+x^2+1)$;

(2) 1. (3) $2f_x(a,b)$.

2. (1) $\dfrac{\partial z}{\partial x}=\dfrac{1}{2x\sqrt{\ln(xy)}}$; $\dfrac{\partial z}{\partial y}=\dfrac{1}{2y\sqrt{\ln(xy)}}$;

(2) $\dfrac{\partial u}{\partial x}=\dfrac{y}{z}x^{\frac{y}{z}-1}$, $\dfrac{\partial u}{\partial y}=\dfrac{1}{z}x^{\frac{y}{z}}\ln x$, $\dfrac{\partial u}{\partial z}=-\dfrac{y}{z^2}x^{\frac{y}{z}}\ln x$.

3. 略.

4. (1) $\dfrac{\partial^2 z}{\partial x^2}=y^x\ln^2 y$, $\dfrac{\partial^2 z}{\partial y^2}=x(x-1)y^{x-2}$, $\dfrac{\partial^2 z}{\partial x\partial y}=y^{x-1}(1+x\ln y)$;

(2) $\dfrac{\partial^2 z}{\partial x^2}=\dfrac{2xy}{(x^2+y^2)^2}$, $\dfrac{\partial^2 z}{\partial y^2}=-\dfrac{2xy}{(x^2+y^2)^2}$, $\dfrac{\partial^2 z}{\partial x\partial y}=\dfrac{y^2-x^2}{(x^2+y^2)^2}$.

5. 略.

6. (1) $\dfrac{EQ}{EP}=-\dfrac{1}{10}$; (2) $\dfrac{EQ}{EP_1}=-2$.

全微分

1. (1) $\mathrm{d}z=-\dfrac{x}{(x^2+y^2)^{\frac{3}{2}}}(y\mathrm{d}x-x\mathrm{d}y)$; (2) $\mathrm{d}z=\dfrac{1}{3}\mathrm{d}x+\dfrac{2}{3}\mathrm{d}y$; (3) $0.25\mathrm{e}$.

2. (1) 2.95; (2) 2.039 3.

3. 略.

多元复合函数求导法则

1. (1) $\dfrac{2x}{y^2}\ln(3x-2y)+\dfrac{3x^2}{(3x-2y)y^2}$, $-\dfrac{2x^2}{y^3}\ln(3x-2y)-\dfrac{2x^2}{(3x-2y)y^2}$;

   (2) $\dfrac{3(1-4t^2)}{\sqrt{1-(3t-4t^3)^2}}$; (3) $\mathrm{e}^{ax}\sin x$; (4) $\dfrac{\mathrm{e}^x(1+x)}{1+x^2\mathrm{e}^{2x}}$;

   (5) $2xf_1'+y\mathrm{e}^{xy}f_2', -2yf_1'+x\mathrm{e}^{xy}f_2'$; (6) $f_1'+yf_2'+yzf_3'$.

2. 略.

3. (1) $\dfrac{\partial u}{\partial x}=2xf_1'+y\mathrm{e}^{xy}f_2'$, $\dfrac{\partial u}{\partial y}=-2yf_1'+x\mathrm{e}^{xy}f_2'$;

   (2) $\dfrac{\partial u}{\partial x}=f_1'\cdot\dfrac{1}{y}=\dfrac{1}{y}f_1'$, $\dfrac{\partial u}{\partial y}=-\dfrac{x}{y^2}f_1'+\dfrac{1}{z}f_2'$, $\dfrac{\partial u}{\partial z}=-\dfrac{y}{z^2}f_2'$.

4. 略. 5. 略.

6. $\dfrac{\partial^2 z}{\partial x^2}=2yf_2'+y^4f_{11}''+4xy^3f_{12}''+4x^2y^2f_{22}''$,

   $\dfrac{\partial^2 z}{\partial x\partial y}=2yf_1'+2xy^3f_{11}''+2xf_2'+5x^2y^2f_{12}''+2x^3yf_{22}''$,

   $\dfrac{\partial^2 z}{\partial y^2}=2xf_1'+4x^2y^2f_{11}''+4x^3yf_{12}''+x^4f_{22}''$.

7. $\dfrac{\partial^2 z}{\partial x\partial y}=-\varphi'(x)f_{11}''+[\varphi'(x)\psi'(y)-1]f_{12}''+\psi'(y)f_{22}''$.

隐函数的求导公式

1. (1) $\dfrac{x+y}{x-y}$; (2) $\dfrac{z}{x+z}$; $\dfrac{z^2}{y(x+z)}$.

2. $\left.\dfrac{\partial u}{\partial x}\right|_{(0,1,1)}=3\cos 4\cdot\dfrac{1}{\mathrm{e}}=\dfrac{3}{\mathrm{e}}\cos 4$. 3. 略.

4. 略. 5. $\dfrac{\partial^2 z}{\partial x^2}=\dfrac{2y^2z\mathrm{e}^z-2xy^3z-y^2z^2\mathrm{e}^z}{(\mathrm{e}^z-xy)^3}$.

6. $\dfrac{\mathrm{d}y}{\mathrm{d}x}=\dfrac{-x(6z+1)}{2y(3z+1)}$, $\dfrac{\mathrm{d}z}{\mathrm{d}x}=\dfrac{x}{3z+1}$.

7. $\dfrac{\partial u}{\partial x}=\dfrac{-uf_1'(2vg_2'-1)-f_2'g_1'}{(xf_1'-1)(2vg_2'-1)-f_2'g_1'}$, $\dfrac{\partial v}{\partial x}=\dfrac{g_1'(xf_1'+uf_1'-1)}{(xf_1'-1)(2vg_2'-1)-f_2'g_1'}$.

多元函数的极值及其求法

1. (1) 大, 8; (2) 小, $-\dfrac{e}{2}$; (3) $\dfrac{1}{4}$; (4) $\dfrac{1}{4}$, −2.
2. 极小值 $f(3,-1)=-8$.
3. 极大值与最大值是 4, 最小值是−64.
4. $x=\dfrac{3\alpha-2\beta}{2\alpha^2-\beta^2}$ 万尾, $y=\dfrac{4\alpha-3\beta}{2(2\alpha^2-\beta^2)}$ 万尾.
5. $x_1=6\left(\dfrac{p_2\alpha}{p_1\beta}\right)^{\beta}, x_2=6\left(\dfrac{p_1\beta}{p_2\alpha}\right)^{\alpha}$.

第 9 章 B 组练习题

二重积分的概念和性质

1. (1) $0.4\leqslant I\leqslant 0.5$; (2) $0\leqslant I\leqslant 16$; (3) $36\pi\leqslant I\leqslant 100\pi$.
2. (1) $I_1\geqslant I_2$; (2) $I_1\leqslant I_2$. 3. $\dfrac{2}{3}\pi$.

二重积分的计算

1. (1) $\int_0^1 dx\int_{x^2}^{x} f(x,y)dy=\int_0^1 dy\int_y^{\sqrt{y}} f(x,y)dx$; (2) $\int_0^1 dy\int_{1-\sqrt{1-y^2}}^{2-y} f(x,y)dx$.
2. (1) $\dfrac{2}{3}$; (2) $\dfrac{9}{4}$.
3. (1) $\dfrac{\pi}{8}(\pi-2)$; (2) $\dfrac{5}{2}\pi$; (3) $V=\dfrac{3\pi a^4}{32}$.